Prof. André Pereira Santana

Doutor em Ciências Mecânicas pela UnB

Mestre em Engenharia Mecânica pela UNICAMP

Graduação em Eng   Mecânica pelo IFMA

Método dos elementos de contorno:

Fundamentos e aplicações

PRIMEIRA EDIÇÃO

2021

Pereira Santana, André

    Método dos elementos de contorno: Fundamentos e
    aplicações / André Pereira Santana - Primeira Edição.
São Luis - MA. Editor: Aluizio de Freitas Carvalho, 2021.
    220p.

ISBN 978-65-00-22202-9

1. Método dos elementos de contorno. I. Título.

CDD: 621.4022

Em caso de dúvidas, sugestões e outros assuntos, fale com o autor pelo email: andre@ifma.edu.br

Dedicatória

- Meus pais, irmãos e meu tio Salomão.

Agradecimentos

- A Deus, por ter me dado serenidade e paciência em momentos difíceis.

- Aos amigos Aluízio, Coimbra, Eric, Fagner, Francisco, Gláucia, Kaio, Kadu, Newton e Vitor, pela amizade dentro e fora da sala de aula.

- Aos amig@s Ayanne, Audirene, Ferdinando, Louryval, Paulo, Pollyana e Shirlen pelas inúmeras conversas.

- Minhas primas: Lorena, Kamyla e Sulmaia.

- E todos aqueles que não foram citados.

O prazer dos grandes homens consiste em poder tornar os outros felizes.

(Blaise Pascal.)

Prefácio

O método dos elementos de contorno (MEC) cresceu de forma considerável nos últimos anos, porém seu conteúdo destina-se em grande número aos cursos de pós-graduação, e por conta disso, existem poucos livros voltados aos cursos de graduação nas áreas da engenharia e ciências.

Em 12 anos de sala de aula foi sempre nítido o interesse dos alunos em aprender ferramentas computacionais, por outro lado, existe um "muro" entre a matemática e o método dos elementos de contorno (MEC). Dessa forma, o presente livro apresenta uma maneira de tornar o método dos elementos de contorno (MEC) amigável através de conceitos vistos ao longo do curso de graduação, mas que foram trabalhados de forma superficial e sem aplicação direta.

O que se apresenta neste livro é uma formulação aplicada a

problemas potenciais, bem como a aplicação de conhecimentos adquiridos em cursos de transferência de calor, cálculo vetorial, cálculo I, cálculo II, cálculo III, cálculo numérico, equações diferenciais e física. O presente trabalho é disposto de 11 capítulos e um apêndice:

No Capítulo 1 é apresentada uma introdução ao método dos elementos de contorno,

No Capítulo 2 são apresentados os métodos dos resíduos ponderados,

No Capítulo 3 são apresentadas as equações de calor,

No Capítulo 4 são apresentadas as formulações forte e fraca da equação de calor,

No Capítulo 5 é apresentado o teorema de Gauss Green,

No Capítulo 6 é apresentada a função delta de Dirac,

No Capítulo 7 é apresentada a integração numérica de Gauss,

No Capítulo 8 são apresentadas as deduções das soluções fundamentais de temperatura e fluxo de calor,

No Capítulo 9 é apresentada a equação integral de contorno,

No Capítulo 10 são apresentadas as construções das matrizes H e G,

No Capítulo 11 é apresentado um código computacional;

No Apêndice são apresentados apontamentos matemáticos.

Sumário

Capítulo 1

Introdução

O presente livro aborda dois assuntos: transferência de calor e o método dos elementos de contorno (MEC). A seguir são apresentadas as razões para a escolha desses assuntos abordados, bem como um pouco de sua história.

1.1 O livro

Há mais de 40 anos o método dos elementos de contorno (MEC) vem despertando interesse na comunidade científica pelos inúmeros campos de pesquisa que aborda e seu forte atrativo matemático.

A maioria dos livros descrevem o método dos elementos de

contorno (MEC) de forma direta, ou seja, sem se preocupar com os passos do desenvolvimento do método (partindo da equação diferencial do problema até chegar à equação integral de contorno). Para o aluno de pós-graduação que já teve contato com o método dos elementos finitos (MEF), método dos volumes finitos (MVF), método das diferenças finitas (MDF) ou outros métodos numéricos, dessa forma, o entendimento fica menos difícil, mas para o aluno da graduação que está tendo contato pela primeira vez, pode ser assustador.

O método dos elementos de contorno (MEC) é visto por muitos autores como uma ferramenta da matemática, pelo fato de usar uma matemática avançada, e principalmente a necessidade de tratar singularidades em integrais que tendem para o infinito. Além disso, outro campo de pesquisa no MEC é o desenvolvimento matemático de soluções fundamentais.

Apesar da sua imagem matemática, o método dos elementos de contorno (MEC) mostra-se como uma ferramenta moderna para a solução de problemas na engenharia.

O livro apresenta uma sequência de conteúdos, através de conceitos de cálculo diferencial aplicado, integração numérica e transferência de calor, importantes para o desenvolvimento das soluções fundamentais e das equações integrais de contorno.

O último capítulo do livro é dedicado ao desenvolvimento do algoritmo do método dos elementos de contorno (MEC) aplicado a problemas de transferência de calor. O algoritmo foi implementado em ambiente MATLAB, e trata-se de um código educacional com o propósito de familiarizar o leitor com o primeiro programa de elementos de contorno. É interessante notar que a formulação do método dos elementos de contorno (MEC) ao longo do livro é voltada somente para problemas de transferência de calor, entretanto, a mesma formulação serve para modelar problemas potenciais (descritos pela equação de Laplace), bastando apenas modificar as condições de contorno.

1.2 Método dos elementos de contorno

Atualmente a simulação computacional de problemas de engenharia tem sido uma das principais ferramentas que auxiliam os engenheiros no desenvolvimento de projetos.

Vários fenômenos físicos, nas diversas áreas do conhecimento, podem ser representadas por equações diferenciais parciais, e em casos práticos dificilmente tais equações possuem soluções analíticas.

Os métodos numéricos são empregados para obter uma solução aproximada das equações diferenciais que governam o problema.

Problemas envolvendo análises térmicas, análises de tensões, escoamento de fluidos e eletromagnetismo, são apenas alguns exemplos da vasta quantidade de problemas que podem ser modelados através do método dos elementos de contorno (MEC).

O método dos elementos de contorno (MEC) teve seu desenvolvimento depois que os chamados métodos de domínio (diferenças finitas, volumes finitos e elementos finitos) já tinham suas formulações consolidadas e com vastos campos de aplicações. Ao contrário dos métodos de domínio que tem incógnitas em pontos do domínio e do contorno, o método dos elementos de contorno (MEC) tem incógnitas apenas em pontos do contorno, o que torna o método bem mais atrativo quando se trata de economia computacional (por conta do refinamento da malha ser bem menor se comparado a outros métodos).

Suas principais características mostradas desde as primeiras formulações são: diminuição da ordem dos sistemas de equações lineares a serem resolvidas, e simplificação dos dados de entrada. Todas essas características são basicamente decorrentes da diminuição da dimensão do problema. Por exemplo, em um problema tridimensional, a análise recairá no estudo bidimensional (superfície).

Apesar do método dos elementos finitos (MEF) já se apresentar consolidado há várias décadas, inclusive pelo software comercial ANSYS[1], ele apresenta certas particularidades no seu uso, por exemplo:

- Discretização do domínio e contorno da geometria;

- A inspeção, alteração e processamento da malha de geometrias complexas requer tempo de processamento, e elevado custo computacional;

- Dificuldade de modelagem em domínios infinitos;

- Presença de entalhes ou cantos vivos geram zonas com grandes refinamentos da malha, e como consequência fortes gradientes;

- A modelagem de equações diferenciais parciais acima da quarta ordem, torna inviável usar o método dos elementos finitos (MEF);

- Solução apenas nos pontos nodais.

Por outro lado, as vantagens de utilizar o métodos dos elementos de contorno (MEC) são inúmeras:

---

[1]O software comercial ANSYS conta com ferramentas de análises do método dos elementos finitos (MEF).

- Discretização somente do contorno da geometria, o que torna a modelagem numérica simples, e um baixo custo computacional;

- Facilidade na alteração da malha do problema;

- Facilidade de modelagem para domínios infinitos;

- Facilidade de modelagem em geometrias que possuem entalhes ou cantos vivos;

- O método dos elementos de contorno (MEC) permite avaliar a solução do problema em qualquer ponto do domínio ou contorno, pois a equação integral pode ser usada como uma fórmula matemática direta.

As principais desvantagens do método dos elementos de contorno são citadas abaixo:

- Necessidade de solução fundamental, pois o método dos elementos de contorno (MEC) só pode ser aplicado a problemas que possuem solução fundamental;

- Matrizes cheias e não-simétricas.

As imagens das matrizes do MEF (simétrica) × MEC (não-simétrica ou cheia) são mostradas abaixo.

$$\begin{bmatrix} \square & \square & & \\ \square & \square & \square & \\ & \square & \square & \square \\ & & \square & \square \end{bmatrix} \times \begin{bmatrix} \square & \square & \square & \square \\ \square & \square & \square & \square \\ \square & \square & \square & \square \\ \square & \square & \square & \square \end{bmatrix}$$

Capítulo 2

Método dos Resíduos Ponderados

Neste capítulo são apresentados os métodos dos resíduos ponderados (MRP) para soluções de equações diferenciais. Todos os métodos apresentados consistem em transformar um problema de domínio contínuo em domínio discreto, ou seja, consiste em desenvolver a formulação fraca da equação diferencial.

2.1   Resíduos Ponderados

A busca de soluções analíticas para equações diferenciais é bem limitada no universo da matemática. A maioria dos problemas da engenharia não apresentam soluções analíticas (limitam-se a problemas com geometria simples, materiais homogêneos e elásticos). Dessa forma, restam soluções aproximadas através de métodos numéricos.

O desenvolvimento do método dos resíduos ponderados (MRP), para soluções de equações diferenciais foram a base para o desenvolvimento do método dos elementos finitos (MEF) e o método dos elementos de contorno (MEC). Por exemplo, considere um operador diferencial d que atua em uma função $u(x)$ e produz uma função $f(x)$, ou seja:

$$\frac{d^2u(x)}{dx^2} = f(x) \tag{2.1}$$

Para aproximar $u(x)$ por uma função $\tilde{u}(x)$ é necessário considerar uma combinação linear independente de funções básicas dadas por:

$$\tilde{u}(x) \approx \alpha_0 + \alpha_1 x + \alpha_2 x_2 + \cdots + \alpha_n x^n \tag{2.2}$$

ou[1],

$$\tilde{u}(x) \approx \sum_{i=0}^{n} \alpha_i x^{(i)} \tag{2.3}$$

onde $i = 0, 1, 2, ..., n$. Substituindo a Eq. (2.3) no operador diferencial da Eq. (2.1) o resultado geral não será $f(x)$, pois existe um resíduo entre a solução exata e aproximada, ou seja:

$$R(x) = \left[\frac{d^2 \tilde{u}(x)}{dx^2} - f(x) \right] \neq 0 \tag{2.4}$$

A ideia do método dos resíduos ponderados (MRP) é forçar o resíduo ser zero em algum ponto do domínio através da multiplicação do resíduo $R(x)$ por funções pesos w_i, ou seja:

$$\int_x R(x) w_i(x) dx = 0 \tag{2.5}$$

onde o número de funções pesos w_i são iguais ao número de constantes desconhecidas da função $\tilde{u}(x)$. A Eq. (2.3) resulta em n equações algébricas para as constantes desconhecidas a_i.

Existem vários métodos dos resíduos ponderados (MRP), e todos baseiam-se na escolha das funções pesos w_i. Os principais métodos dos resíduos ponderados (MRP) são:

---

[1]Ver notação indicial no APÊNDICE A.

1. Método da colocação;

2. Método do subdomínio;

3. Método dos mínimos quadrados;

4. Método de Galerkin;

5. Método dos momentos.

Ao longo do texto são obtidas soluções analíticas para algumas equações diferenciais, e em seguida comparadas com os métodos dos resíduos ponderados (MRP).

Exemplo 1. Determine a solução geral u da equação diferencial não-homogênea e o resíduo obtido através da função de aproximação $\tilde{u}$.

$$\frac{d^2u}{dx^2} + u = 2$$

As condições de contorno são dadas por:

$$u(0) = 2$$

$$u(2) = 0$$

A solução geral da equação diferencial acima consiste em duas soluções: característica e particular. A solução característica é dada pela solução da equação homogênea, ou seja:

$$\frac{d^2u}{dx^2} + u = 0$$

A equação característica é dada por[2]:

$$m^2 + 1 = 0$$

e as raízes da equação são dadas por:

$$m = 0 \pm i$$

Logo, a solução característica é dada por:

$$u_c = e^{ax}[C_1 sen(bx) + C_2 cos(bx)]$$

onde $a = 0$ e $b = 1$, assim:

$$u_c = C_1 sen(x) + C_2 cos(x)$$

A solução particular para equação não-homogênea é dada por:

$$u_p = C_3$$

A solução geral é formada pelas soluções u_c e u_p. Os valores das constantes C_1, C_2 e C_3 são obtidas através da derivada da solução geral u, e substituídas na equação principal, ou seja:

$$u = u_c + u_p$$

---

[2]Ver as soluções característica e particular no APÊNDICE B.

$$u = C_1 sen(x) + C_2 cos(x) + C_3$$

A primeira derivada da função u é dada por:

$$\frac{du}{dx} = C_1 cos(x) - C_2 sen(x)$$

A segunda derivada da função u é dada por:

$$\frac{d^2u}{dx^2} = -C_1 sen(x) - C_2 cos(x)$$

Substituindo d^2u/dx^2 na equação principal, obtém-se:

$$-C_1 sen(x) - C_2 cos(x) + C_1 sen(x) + C_2 cos(x) + C_3 = 2$$

Logo,

$$C_3 = 2$$

A solução geral da equação diferencial é dada por:

$$u(x) = C_1 sen(x) + C_2 cos(x) + 2$$

Substituindo as condições de contorno na solução acima, obtém-se as constantes C_1 e C_2, ou seja:

Condição $u(0) = 2$:

$$2 = C_1 \times sen(0) + C_2 \times cos(0) + 2$$

$$C_2 = 0$$

Condição $u(2) = 0$:

$$0 = C_1 \times sen(2) + C_2 \times cos(2) + 2$$

$$C_1 = -\frac{2}{sen(2)}$$

Substituindo as constantes C_1 e C_2 na solução geral u, obtém-se:

$$u(x) = 2\left[1 - \frac{sen(x)}{sen(2)}\right]$$

Resolvendo o problema através do método dos resíduos ponderados (MRP), e usando uma função de base polinomial, ou seja:

$$\tilde{u}(x) = a_0 + a_1 x + a_2 x^2$$

Substituindo as condições de contorno:

Condição $u(0) = 2$:

$$2 = a_0 + a_1 \times 0 + a_2 \times 0$$

$$a_0 = 2$$

Condição $u(2) = 0$:

$$0 = a_0 + a_1 \times 2 + a_2 \times 2^2$$

$$0 = a_0 + 2a_1 + 4a_2$$

$$0 = 2 + 2a_1 + 4a_2$$

$$a_1 = -(1 + 2a_2)$$

Substituindo a_1 e a_2 na função de aproximação $\tilde{u}$, obtém-se:

$$\tilde{u}(x) = a_0 + a_1 x + a_2 x^2$$

$$\tilde{u}(x) = 2 - (1 + 2a_2)x + a_2 x^2$$

$$\tilde{u}(x) = a_2(x^2 - 2x) - x + 2$$

Para encontrar o resíduo da função é necessário derivar a função acima duas vezes e substituir na equação do problema, ou seja:

$$\frac{d\tilde{u}}{dx} = a_2(2x - 2) - 1$$

$$\frac{d^2\tilde{u}}{dx^2} = 2a_2$$

Assim, o resíduo é dado por:

$$R(x) = \frac{d^2\tilde{u}}{dx^2} + \tilde{u} - 2$$

$$R(x) = 2a_2 + [a_2(x^2 - 2x) - x + 2] - 2$$

$$R(x) = a_2(x^2 - 2x + 2) - x$$

O valor de a_2 será encontrado em todos os métodos seguintes.

Exemplo 2. Determine a solução geral u da equação diferencial não-homogênea e o resíduo obtido através da função de aproximação $\tilde{u}$.

$$\frac{d^2u}{dx^2} - 4u = 1$$

As condições de contorno são dadas por:

$$u(0) = 1$$

$$u(1) = 0$$

A solução geral da equação diferencial acima consiste em duas soluções: característica e particular. A solução característica é dada pela solução da equação homogênea, ou seja:

$$\frac{d^2u}{dx^2} - 4u = 0$$

A equação característica é dada por:

$$m^2 - 4 = 0$$

e as raízes são dadas por:

$$m_1 = -2$$

$$m_2 = +2$$

Logo, a solução característica é dada por:

$$u_c = C_1 e^{-2x} + C_2 e^{+2x}$$

A solução particular para equação não-homogênea é dada por:

$$u_p = C_3$$

A solução geral é formada pelas soluções u_c e u_p. Os valores das constantes C_1, C_2 e C_3 são obtidos através da derivada da solução u, e substituídas na equação do problema, ou seja:

$$u = u_c + u_p$$

$$u = C_1 e^{-2x} + C_2 e^{+2x} + C_3$$

A primeira derivada da função u é dada por:

$$\frac{du}{dx} = -2C_1 e^{-2x} + 2C_2 e^{+2x}$$

A segunda derivada da função u é dada por:

$$\frac{d^2u}{dx^2} = 4C_1e^{-2x} + 4C_2e^{+2x}$$

Substituindo d^2u/dx^2 na equação principal, obtém-se:

$$\frac{d^2u}{dx^2} - 4u = 1$$

$$4C_1e^{-2x} + 4C_2e^{+2x} - 4(C_1e^{-2x} + C_2e^{+2x} + C_3) = 1$$

$$4C_1e^{-2x} + 4C_2e^{+2x} - 4C_1e^{-2x} - 4C_2e^{+2x} - 4C_3 - 1 = 0$$

$$4C_3 = -1$$

$$C_3 = -\frac{1}{4}$$

A solução geral da equação diferencial é dada por:

$$u(x) = u = C_1e^{-2x} + C_2e^{+2x} - \frac{1}{4}$$

Substituindo as condições de contorno na solução acima, obtém-se as constantes C_1 e C_2:

Condição $u(0) = 1$:

$$1 = C_1e^0 + C_2e^0 - \frac{1}{4}$$

$$C_1 + C_2 = \frac{5}{4}$$

$$C_1 = \frac{5}{4} - C_2$$

Condição $u(1) = 0$:

$$0 = C_1 e^{(-2 \times 1)} + C_2 e^{(+2 \times 1)} - \frac{1}{4}$$

$$0 = C_1 e^{-2} + C_2 e^{+2} - \frac{1}{4}$$

$$C_1 e^{-2} + C_2 e^{+2} = \frac{1}{4}$$

Substituindo o valor de C_1 na equação acima, obtém-se:

$$\frac{5}{4} e^{-2} - C_2 e^{-2} + C_2 e^{+2} = \frac{1}{4}$$

$$C_2 e^{+2} - C_2 e^{-2} = \frac{1}{4} - \frac{5}{4} e^{-2}$$

$$C_2 = \frac{(1 - 5e^{-2})}{4(e^{+2} - e^{-2})}$$

Substituindo C_2 para achar o valor de C_1, obtém-se:

$$C_1 = \frac{5}{4} - C_2$$

$$C_1 = \frac{5}{4} - \frac{(1 - 5e^{-2})}{4(e^{+2} - e^{-2})}$$

$$C_1 = \frac{5(e^{+2} - e^{-2}) - (1 - 5e^{-2})}{4(e^{+2} - e^{-2})}$$

$$C_1 = \frac{5e^{+2} - 1}{4(e^{+2} - e^{-2})}$$

Substituindo as constantes C_1 e C_2 na solução geral u, obtém-se:

$$u(x) = \left[\frac{5e^{+2} - 1}{4(e^{+2} - e^{-2})} \right] e^{-2x} + \left[\frac{(1 - 5e^{-2})}{e^{+2} - e^{-2}} \right] e^{+2x} - \frac{1}{4}$$

Resolvendo a função através do método dos resíduos ponderados (MRP), e usando uma função de base polinomial, ou seja:

$$\tilde{u}(x) = a_0 + a_1 x + a_2 x^2$$

Substituindo as condições de contorno:

Condição $u(0) = 1$:

$$1 = a_0 + a_1 \times 0 + a_2 \times 0$$

$$a_0 = 1$$

Condição $u(1) = 0$:

$$0 = a_0 + a_1 \times 1 + a_2 \times 1^2$$

$$0 = 1 + a_1 + a_2$$

$$a_1 = -(1 + a_2)$$

Substituindo a_1 e a_2 na função de aproximação $\tilde{u}$, obtém-se:

$$\tilde{u}(x) = a_0 + a_1 x + a_2 x^2$$

$$\tilde{u}(x) = 1 - (1 + a_2)x + a_2 x^2$$

$$\tilde{u}(x) = a_2(x^2 - x) - x + 1$$

Para encontrar o resíduo da função é necessário derivar a função acima duas vezes e substituir na equação do problema, ou seja:

$$\frac{d\tilde{u}}{dx} = a_2(2x - 1) - 1$$

$$\frac{d^2\tilde{u}}{dx^2} = 2a_2$$

Assim, o resíduo é dado por:

$$R(x) = \frac{d^2\tilde{u}}{dx^2} - 4\ddot{u} - 1$$

$$R(x) = 2a_2 - 4[a_2(x^2 - 2x) - x + 1] - 1$$

$$R(x) = -4a_2x^2 + 4a_2x + 6a_2 - 5$$

$$R(x) = a_2(-4x^2 + 4x + 6) - 5$$

Exemplo 3. Determine a solução geral u da equação diferencial não-homogênea, e o resíduo obtido através da função de aproximação $\tilde{u}$.

$$\frac{d^2u}{dx^2} - 9u = sen(2x)$$

As condições de contorno são dadas por:

$$u(0) = 1$$

$$u(1) = 0$$

A solução geral da equação diferencial acima consiste em duas soluções: solução característica e particular. A solução característica é dada pela solução da equação homogênea, ou seja:

$$\frac{d^2u}{dx^2} - 9u = 0$$

A equação característica é dada por:

$$m^2 - 9 = 0$$

e as raízes são dadas por:

$$m_1 = -3$$

$$m_2 = +3$$

Logo, a solução característica é dada por:

$$u_c = C_1 e^{-3x} + C_2 e^{+3x}$$

A solução particular para equação não-homogênea é dada por:

$$u_p = C_3 sen(2x) + C_4 cos(2x)$$

Derivando a solução particular acima e substituindo na equação do problema, obtém-se o valor de C_3 e C_4, ou seja:

$$u_p = C_3 sen(2x) + C_4 cos(2x)$$

$$\frac{du_p}{dx} = 2C_3 cos(2x) - 2C_4 sen(2x)$$

$$\frac{d^2 u_p}{dx^2} = -4C_3 sen(2x) - 4C_4 cos(2x)$$

Substituindo $d^2 u_p / dx^2$ e u_p na equação principal, obtém-se:

$$\frac{d^2 u}{dx^2} - 9u = sen(2x)$$

$$-4C_3 sen(2x) - 4C_4 cos(2x) - 9[C_3 sen(2x) + C_4 cos(2x)] = sen(2x)$$

$$-4C_3 - 9C_3 = 1$$

$$-4C_4 - 9C_4 = 0$$

$$C_3 = -\frac{1}{13}$$

e,

$$C_4 = 0$$

A solução geral é formada pelas soluções u_c e u_p.

$$u = u_c + u_p$$

$$u = C_1 e^{-3x} + C_2 e^{+3x} - \frac{1}{13} sen(2x)$$

Substituindo as condições de contorno na solução acima, obtém-se as constantes C_1 e C_2:

Condição $u(0) = 1$:

$$1 = C_1 e^0 + C_2 e^0 - \frac{1}{13} sen(0)$$

$$C_1 + C_2 = 1$$

$$C_1 = 1 - C_2$$

Condição $u(1) = 0$:

$$0 = C_1 e^{(-3 \times 1)} + C_2 e^{(+3 \times 1)} - \frac{1}{13} sen(2 \times 1)$$

$$0 = C_1 e^{-3} + C_2 e^{+3} - \frac{1}{13} sen(2)$$

$$C_1 e^{-3} + C_2 e^{+3} - \frac{1}{13} sen(2) = 0$$

Substituindo o valor de C_1 na equação acima, obtém-se:

$$(1 - C_2) e^{-3} + C_2 e^{+3} - \frac{1}{13} sen(2) = 0$$

$$e^{-3} - C_2 e^{-3} + C_2 e^{+3} = \frac{1}{13} sen(2)$$

$$C_2(e^{+3} - e^{-3}) = \frac{1}{13} sen(2) - e^{-3}$$

$$C_2 = \frac{sen(2) - 13e^{-3}}{13(e^{+3} - e^{-3})}$$

Substituindo o valor de C_2 na relação de C_1, obtém-se:

$$C_1 = 1 - C_2$$

$$C_1 = 1 - \left[\frac{sen(2) - 13e^{-3}}{13(e^{+3} - e^{-3})} \right]$$

$$C_1 = \frac{13e^{+3} - 13e^{-3} - sen(2) + 13e^{-3}}{13(e^{+3} - e^{-3})}$$

$$C_1 = \frac{13e^{+3} - sen(2)}{13(e^{+3} - e^{-3})}$$

Substituindo as constantes C_1 e C_2 na solução geral u, obtém-se:

$$u(x) = C_1 e^{-3x} + C_2 e^{+3x} - \frac{1}{13} sen(2x)$$

$$u(x) = \left[\frac{13e^{+3} - sen(2)}{13(e^{+3} - e^{-3})} \right] e^{-3x} + \left[\frac{sen(2) - 13e^{-3}}{13(e^{+3} - e^{-3})} \right] e^{+3x} -$$

$$- \frac{1}{13} sen(2x)$$

Resolvendo a função através do método dos resíduos ponderados, e usando uma função de base polinomial, ou seja:

$$\tilde{u}(x) = a_0 + a_1 x + a_2 x^2$$

Substituindo as condições de contorno:

Condição $u(0) = 1$:

$$1 = a_0 + a_1 \times 0 + a_2 \times 0$$

$$a_0 = 1$$

Condição $u(1) = 0$:

$$0 = a_0 + a_1 \times 1 + a_2 \times 1^2$$

$$0 = 1 + a_1 + a_2$$

$$a_1 = -(1 + a_2)$$

Substituindo a_1 e a_2 na função de aproximação $\tilde{u}$, obtém-se:

$$\tilde{u}(x) = a_0 + a_1 x + a_2 x^2$$

$$\tilde{u}(x) = 1 - (1 + a_2)x + a_2 x^2$$

$$\tilde{u}(x) = a_2(x^2 - x) - x + 1$$

Para encontrar o resíduo da função é necessário derivar a função acima duas vezes e substituir na equação do problema, ou seja:

$$\frac{d\tilde{u}}{dx} = a_2(2x - 1) - 1$$

$$\frac{d^2\tilde{u}}{dx^2} = 2a_2$$

Assim, o resíduo é dado por:

$$R(x) = \frac{d^2\tilde{u}}{dx^2} - 9\tilde{u} - sen(2x)$$

$$R(x) = 2a_2 - 9[a_2(x^2 - 2x) - x + 1] - sen(2x)$$

$$R(x) = a_2(-9x^2 + 9x + 2) + 9(x - 1) - sen(2x)$$

2.2   Método da Colocação

No método da colocação as funções pesos w_i são famílias das funções do delta de Dirac δ. Dessa forma, a função peso w_i pode ser escrita como:

$$w_i = \delta(x - x_i) \tag{2.6}$$

onde $i = 1, 2, ..., n$. Lembrando das propriedades do delta de Dirac:

$$\delta(x - x_i) = \begin{cases} 1, & se \quad x = x_i \\ 0, & se \quad x \neq x_i \end{cases}$$

Portanto a integração da função peso residual resulta em forçar o resíduo a ser zero em pontos específicos do domínio. Assim, a integração da Eq. (2.5) resulta em:

$$R(x_i) = 0 \tag{2.7}$$

onde $i = 1, 2, ..., n$.

Exemplo 4. Determine o valor de a_2, do exemplo 1, através do método da colocação.

No método da colocação, o resíduo é forçado a zero em um número de pontos discretos. Uma vez que existe apenas um valor desconhecido a_2, é necessário apenas um ponto de colocação. Foi feita uma escolha arbitrária para o ponto de colocação: $x = 1, 0$.

$$R(x) = 0$$

$$R(x) = a_2(x^2 - 2x + 2) - x$$

e,

$$a_2(1^2 - 2 + 2) - 1 = 0$$

$$a_2 = 1$$

Substituindo o valor de a_2 na função de aproximação $\tilde{u}$, obtém-se:

$$\tilde{u}(x) = (x^2 - 2x) - x + 2$$

Exemplo 5. Determine o valor de a_2, do exemplo 2, através do método da colocação.

Como citado no exemplo 4, a escolha arbitrária para o ponto de colocação: $x = 0, 5$.

$$R(x) = 0$$

$$R(x) = a_2(-4x^2 + 4x + 6) - 5$$

e,

$$a_2(-4 \times 0, 5^2 + 4 \times 0, 5 + 6) - 5 = 0$$

$$a_2 = \frac{5}{7} \approx 0, 714$$

Substituindo o valor de a_2 na função de aproximação $\tilde{u}$, obtém-se:

$$\tilde{u}(x) = 0, 714(x^2 - x) - x + 1$$

Exemplo 6. Determine o valor de a_2, do exemplo 3, através do método da colocação.

Como citado no exemplo 4, a escolha arbitrária para o ponto de colocação: $x = 0, 5$.

$$R(x) = 0$$

$$R(x) = a_2(-9x^2 + 9x + 2) + 9(x - 1) - sen(2x)$$

e,

$$a_2(-9 \times 0,5^2 + 9 \times 0,5 + 2) + 9(0,5 - 1) - sen(2 \times 0,5) = 0$$

$$4,25a_2 - 4,5 - 0,017 = 0$$

$$a_2 = \frac{4,517}{4,25} \approx 1,062$$

Substituindo o valor de a_2 na função de aproximação $\tilde{u}$, obtém-se:

$$\tilde{u}(x) = 1,062(x^2 - x) - x + 1$$

2.3 Método do Subdomínio

Este método consiste na modificação do método da colocação, e forçar o resíduo ponderado ser zero não apenas em pontos fixos no domínio, mas em várias subseções do domínio. As funções pesos w_i são definidas para a unidade, e a integral sobre todo o domínio é dividida em vários subdomínios suficientes para avaliar os parâmetros desconhecidos a_i, ou seja:

$$\int_x R(x)w_i dx = \sum_{i=1}^{n}\left[\int_{x_i} R(x)dx\right] = 0 \qquad (2.8)$$

onde $i = 1, 2, ..., n$.

Exemplo 7. Determine o valor de a_2, do exemplo 1, através do método do subdomínio.

Como existe uma constante desconhecida a_2, escolhe-se um único subdomínio que cubra todo o intervalo de x. Portanto, a relação para avaliar a constante a_2 é:

$$\int_0^2 1 \times R(x)dx = 0$$

$$\int_0^2 1 \times [a_2(x^2 - 2x + 2) - x]dx = 0$$

$$\int_0^2 [a_2(x^2 - 2x + 2) - x]dx = 0$$

$$\left[a_2\left(\frac{x^3}{3} - \frac{2x^2}{2} + 2x \right) - \frac{x^2}{2} \right]_0^2 = 0$$

$$a_2\left(\frac{8}{3} - 4 + 4 \right) - \frac{4}{2} = 0$$

$$a_2 = \frac{6}{8} \approx 0,750$$

Substituindo o valor de a_2 na função de aproximação $\tilde{u}$, obtém-se:

$$\tilde{u}(x) \approx 0,750(x^2 - 2x) - x + 2$$

Exemplo 8. Determine o valor de a_2, do exemplo 2, através do método do subdomínio.

Como citado no exemplo 7, a relação para avaliar a constante a_2 é:

$$\int_0^1 1 \times R(x)dx = 0$$

$$\int_0^1 1 \times [a_2(-4x^2 + 4x + 6) - 5]dx = 0$$

$$\int_0^1 [a_2(-4x^2 + 4x + 6) - 5]dx = 0$$

$$\left[a_2\left(-\frac{4x^3}{3} + \frac{4x^2}{2} + 6x \right) - 5x \right]_0^1 = 0$$

$$a_2\left(-\frac{4}{3} + \frac{4}{2} + 6 \right) - 5 = 0$$

$$a_2 = \frac{30}{40} \approx 0,750$$

Substituindo o valor de a_2 na função de aproximação $\tilde{u}$, obtém-se:

$$\tilde{u}(x) \approx 0,750(x^2 - x) - x + 1$$

Exemplo 9. Determine o valor de a_2, do exemplo 3, através do método do subdomínio.

Como citado no exemplo 7, a relação para avaliar a constante a_2 é:

$$\int_0^1 1 \times R(x)dx = 0$$

$$\int_0^1 1 \times [a_2(-9x^2 + 9x + 2) + 9(x - 1) - sen(2x)]dx = 0$$

$$\int_0^1 [a_2(-9x^2 + 9x + 2) + 9(x - 1) - sen(2x)]dx = 0$$

$$\left[a_2 \left(-\frac{9x^3}{3} + \frac{9x^2}{2} + 2x \right) + 9\left(\frac{x^2}{2} - x \right) + \frac{cos(2x)}{2} \right]_0^1 = 0$$

$$a_2\left(-3 + 4,5 + 2 \right) + 9\left(\frac{1}{2} - 1 \right) + \frac{cos(2)}{2} - \frac{1}{2} = 0$$

$$a_2 = \frac{4,501}{3,5} \approx 1,286$$

Substituindo o valor de a_2 na função de aproximação $\tilde{u}$, obtém-se:

$$\tilde{u}(x) = 1,286(x^2 - x) - x + 1$$

2.4 Método dos mínimos quadrados

O método dos mínimos quadrados consiste em minimizar a soma de todos os resíduos quadrados, ou seja:

$$S = \int_x R(x)R(x)dx = \int_x R^2(x)dx \qquad (2.9)$$

Para atingir o mínimo desta função escalar, as derivadas de S em relação a todos os parâmetros desconhecidos a_i devem ser iguais a zero, ou seja:

$$\frac{\partial S}{\partial a_i} = 0 \qquad (2.10)$$

e,

$$2 \int_x R(x)\frac{\partial R}{\partial a_i}dx = 0 \qquad (2.11)$$

Comparando a Eq. (2.11) com a Eq. (2.5), pode-se concluir que as funções pesos são dadas por:

$$w_i = 2\frac{\partial R}{\partial a_i} \qquad (2.12)$$

onde $i = 1, 2, ..., n$. Portanto, as funções pesos para o método dos mínimos quadrados são diferenciais do resíduo em relação às constantes desconhecidas a_i, ou seja[3]:

$$w_i = \frac{\partial R}{\partial a_i} \qquad (2.13)$$

---

[3]O número dois da Eq. (2.12) deve ser eliminado.

Exemplo 10. Determine o valor de a_2, do exemplo 1, através do método dos mínimos quadrados.

A função peso w é a derivada de $R(x)$ em relação a a_2, ou seja:

$$w(x) = \frac{dR(x)}{da_2} = x^2 - x + 2$$

Assim o resíduo ponderado torna-se:

$$\int_0^2 w_1(x)R(x)dx = 0$$

$$\int_0^2 (x^2 - 2x + 2)[a_2(x^2 - 2x + 2) - x]dx = 0$$

$$\int_0^2 [(x^2 - 2x + 2)^2 a_2 - x \times (x^2 - 2x + 2)]dx = 0$$

$$\left[a_2\left(\frac{x^5}{5} - x^4 + \frac{8x^3}{3} - \frac{8x^2}{2} + 4x \right) - \frac{x^4}{4} - \frac{2x^3}{3} - x^2 \right]_0^2 = 0$$

$$a_2\left(\frac{32}{5} + \frac{64}{3} - 24 \right) - 8 + \frac{16}{3} = 0$$

$$a_2 = \frac{8}{3} \approx 0,714$$

Substituindo o valor de a_2 na função de aproximação $\tilde{u}$, obtém-se:

$$\tilde{u}(x) = 0,714(x^2 - 2x) - x + 2$$

Exemplo 11. Determine o valor de a_2, do exemplo 2, através do método dos mínimos quadrados.

Como citado no exemplo 10, a função peso w é a derivada de $R(x)$ em relação a a_2, ou seja:

$$w(x) = \frac{dR(x)}{da_2} = -4x^2 + 4x + 6$$

Assim, o resíduo ponderado torna-se:

$$\int_0^1 w(x)R(x)dx = 0$$

$$\int_0^1 (-4x^2 + 4x + 6)[a_2(-4x^2 + 4x + 6) - 5]dx = 0$$

$$\left[\frac{16a_2x^5}{5} - \frac{19a_2x^4}{4} + \frac{16a_2x^3}{3} + \frac{48a_2x^2}{2} + \frac{20x^3}{3} - \frac{20x^2}{2} + 36a_2x - \right.$$

$$\left. -30x\right]_0^1 = 0$$

$$\left[\frac{16}{5} - \frac{19}{4} + \frac{16}{3} + 24 + 36\right]a_2 = -\frac{20}{3} + \frac{20}{3} + 30$$

$$a_2 = \frac{6000}{7161} \approx 0,837$$

Substituindo o valor de a_2 na função de aproximação $\tilde{u}$, obtém-se:

$$\tilde{u}(x) = 0,837(x^2 - x) - x + 1$$

Exemplo 12. Determine o valor de a_2, do exemplo 3, através do método dos mínimos quadrados.

Como citado no exemplo 10, a função peso w é a derivada de $R(x)$ em relação a a_2, ou seja:

$$w(x) = \frac{dR(x)}{da_2} = -9x^2 + 9x + 2$$

Assim o resíduo ponderado torna-se[4]:

$$\int_0^1 w(x)R(x)dx = 0$$

$$\int_0^1 (-9x^2 + 9x + 2)[a_2(-9x^2 + 9x + 2) + 9(x - 1) - sen(2x)]dx = 0$$

$$\int_0^1 [81a_2x^4 - 162a_2x^3 + 45a_2x^2 + 36a_2x + 4a_2 - 81x^3 + 9x^2 -$$

$$-63x - 18 + 9x^2 sen(2x) - 9x sen(2x) - 2sen(2x)]dx$$

$$\left[\frac{81a_2x^5}{5} - \frac{162a_2x^4}{4} + \frac{45a_2x^3}{3} + \frac{36a_2x^2}{2} + 4a_2x - \frac{81x^4}{4} + \frac{162x^3}{3} - \right.$$

---

[4]Ver APÊNDICE C o desenvolvimento das integrais por partes.

$$-\frac{63x^2}{2} - 18x - \frac{9x^2}{2}cos(2x) + \frac{9x}{2}sen(2x) + \frac{9}{4}cos(2x) + \frac{9x}{2}cos(2x)-$$

$$\left. \frac{9}{4}sen(2x) + cos(2x) \right]_0^1 = 0$$

$$16,2a_2 - 40,5a_2 + 15a_2 + 18a_2 + 4a_2 - 20,25a_2 + 54 - 31,5-$$

$$-18 - 4,497 + 0,157 + 2,248 + 4,497 - 0,078 + 0,999 = 0$$

$$a_2 = \frac{7,826}{7,55} \approx 1,301$$

Substituindo o valor de a_2 na função de aproximação $\tilde{u}$, obtém-se:

$$\tilde{u}(x) = 1,301(x^2 - x) - x + 1$$

2.5 Método de Galerkin

O método de Galerkin corresponde a uma modificação do método dos mínimos quadrados. Em vez de usar a derivada do resíduo em relação a a_i é usada a derivada da função de aproximação $\tilde{u}$. Dessa forma, a função peso w_i é dada por:

$$w_i = \frac{\partial \tilde{u}}{\partial a_i} \tag{2.14}$$

onde $i = 1, 2, ..., n$.

Exemplo 13. Determine o valor de a_2 do exemplo 1 através do método de Galerkin.

No método de Galerkin a função peso w é a derivada da função de aproximação $\tilde{u}$ em relação ao coeficiente a_2, ou seja:

$$w(x) = \frac{d\tilde{u}(x)}{da_2} = x^2 - 2x$$

Portanto, o resíduo ponderado torna-se:

$$\int_0^2 w(x)R(x) = 0$$

$$\int_0^2 (x^2 - 2x) \times [a_2(x^2 - 2x + 2) - x]dx = 0$$

$$\int_0^2 \left[a_2(x^2 - 2x)(x^2 - 2x + 2) - x(x^2 - 2x) \right] dx = 0$$

$$\int_0^2 \left[a_2(x^4 - 4x^3 + 6x^2 - 4x) - x^3 + 2x^2 \right] dx = 0$$

$$\left[a_2\left(\frac{x^5}{5} - x^4 + 2x^3 - 2x^2 \right) - \frac{x^4}{4} + \frac{2x^3}{3} \right]_0^2 = 0$$

$$a_2\left(\frac{32}{5} - 8 \right) = \frac{16}{4} - \frac{16}{3}$$

$$a_2 = \frac{5}{6} \approx 0,833$$

Substituindo o valor de a_2 na função de aproximação $\tilde{u}$, obtém-se:

$$\tilde{u}(x) = 0,833(x^2 - 2x) - x + 2$$

Exemplo 14. Determine o valor de a_2, do exemplo 2, através do método de Galerkin.

Como citado no exemplo 13, a função peso w é a derivada da função de aproximação $\tilde{u}$ em relação ao coeficiente a_2, ou seja:

$$w(x) = \frac{d\tilde{u}(x)}{da_2} = x^2 - x$$

Portanto, o resíduo ponderado torna-se:

$$\int_0^1 w(x)R(x) = 0$$

$$\int_0^1 (x^2 - x) \times [a_2(-4x^2 + 4x + 6) - 5]dx = 0$$

$$\int_0^1 [-4a_2x^4 + 8a_2x^3 + 2a_2x^2 - 6a_2x - 5x^2 + 5x]dx = 0$$

$$\left[-\frac{4a_2x^5}{5} + \frac{8a_2x^4}{4} + \frac{2a_2x^3}{3} - \frac{6a_2x^2}{2} - \frac{5x^3}{3} + \frac{5x^2}{2} \right]_0^1 = 0$$

$$\left(-\frac{4}{5} + \frac{2}{3} - 1\right)a_2 = \frac{5}{3} - \frac{5}{2}$$

$$a_2 = \frac{75}{102} \approx 0,735$$

Substituindo o valor de a_2 na função de aproximação $\tilde{u}$, obtém-se:

$$\tilde{u}(x) = 0,735(x^2 - x) - x + 1$$

Exemplo 15. Determine o valor de a_2, do exemplo 3, através do método de Galerkin.

Como citado no exemplo 13, a função peso w é a derivada da função de aproximação $\tilde{u}$ em relação ao coeficiente a_2, ou seja:

$$w(x) = \frac{d\tilde{u}(x)}{da_2} = x^2 - x$$

Portanto, o resíduo ponderado torna-se:

$$\int_0^1 w(x)R(x) = 0$$

$$\int_0^1 (x^2 - x)[a_2(-9x^2 + 9x + 2) + 9(x - 1) - sen(2x)]dx = 0$$

$$\int_0^1 [-9a_2x^4 + 18a_2x^3 - 7a_2x^2 - 2a_2x + 9x^3 - 18x^2 + 9x-$$

$$-x^2 sen(2x) + x sen(2x)]dx = 0$$

$$\left[-\frac{9a_2x^5}{5} + \frac{18a_2x^4}{4} - \frac{7a_2x^3}{3} - a_2x^2 + \frac{9x^4}{4} - 6x^3 + \frac{9x^2}{2} - \right.$$

$$\left. -\frac{x^2}{2}cos(2x) - \frac{xsen(2x)}{2} - \frac{3cos(2x)}{4}\right]_0^1 = 0$$

$$-1,8a_2 + 4,5a_2 - 2,33a_2 - a_2 + 2,25 - 6 + 4,5 - 0,499 - 0,017-$$

$$-0,249 - 0,499 + 0,5 + 0,25 + 0,5 = 0$$

$$a_2 = \frac{0,736}{0,63} \approx 1,168$$

Substituindo o valor de a_2 na função de aproximação $\tilde{u}$, obtém-se:

$$\tilde{u}(x) = 1,168(x^2 - x) - x + 1$$

2.6 Método dos Momentos

Neste método, as funções pesos w_i são escolhidas a partir de uma família de polinômios, ou seja:

$$W_i = x_i \tag{2.15}$$

onde $i = 1, 2, ..., n$. Se as funções de aproximação forem da forma de polinômios α_i, o método dos momentos torna-se igual ao método de Galerkin.

Exemplo 16. Determine o valor de a_2, do exemplo 1, através do método dos momentos.

Uma vez que temos apenas um coeficiente desconhecido a função peso $w(x)$ é dada por:

$$w(x) = x^0 = 1$$

O método dos momentos coincide com o método dos subdomínios, ou seja:

$$a_2 = 0,750$$

Substituindo o valor de a_2 na função de aproximação $\tilde{u}$, obtém-se:

$$\tilde{u}(x) = 0,750(x^2 - 2x) - x + 2$$

Exemplo 17. Determine o valor de a_2, do exemplo 2, através do método dos momentos.

Como citado no exemplo 16, a função peso $w(x)$ é dada por:

$$w(x) = x^0 = 1$$

O método dos momentos coincide com o método dos subdomínios, ou seja:

$$a_2 = 0,750$$

Substituindo o valor de a_2 na função de aproximação $\tilde{u}$, obtém-se:

$$\tilde{u}(x) = 0,750(x^2 - x) - x + 1$$

Exemplo 18. Determine o valor de a_2, do exemplo 3, através do método dos momentos.

Como citado no exemplo 16, a função peso $w(x)$ é dada por:

$$w(x) = x^0 = 1$$

O método dos momentos coincide com o método dos subdomínios, ou seja:

$$a_2 = 1,286$$

Substituindo o valor de a_2 na função de aproximação $\tilde{u}$, obtém-se:

$$\tilde{u}(x) = 1,286(x^2 - x) - x + 1$$

2.7 Comparação

As soluções obtidas pelos métodos dos resíduos ponderados (MRP) podem ser comparadas com a soluções dos exemplos 1, 2 e 3. Pode-se notar nas Fig. (2.1), (2.2) e (2.3) que as curvas convergem para solução exata.

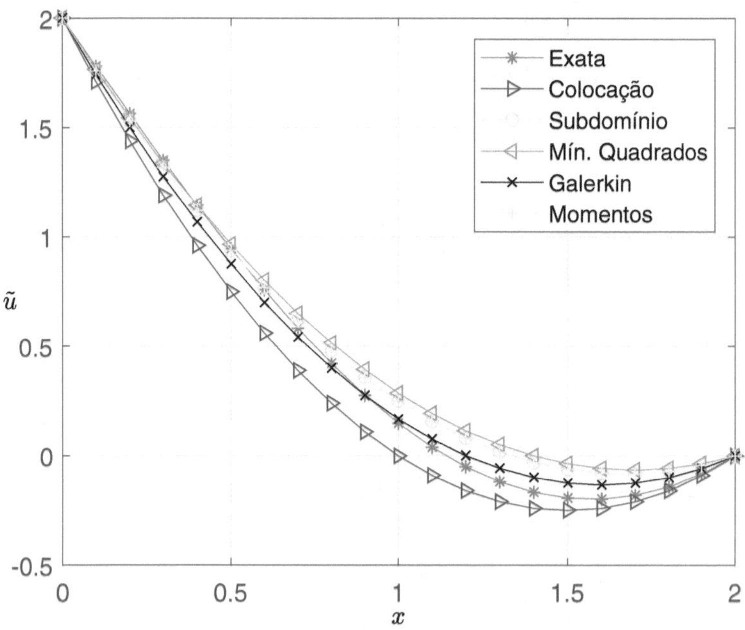

Figura 2.1: Comparação entre a solução exata e aproximadas do exemplo 1.

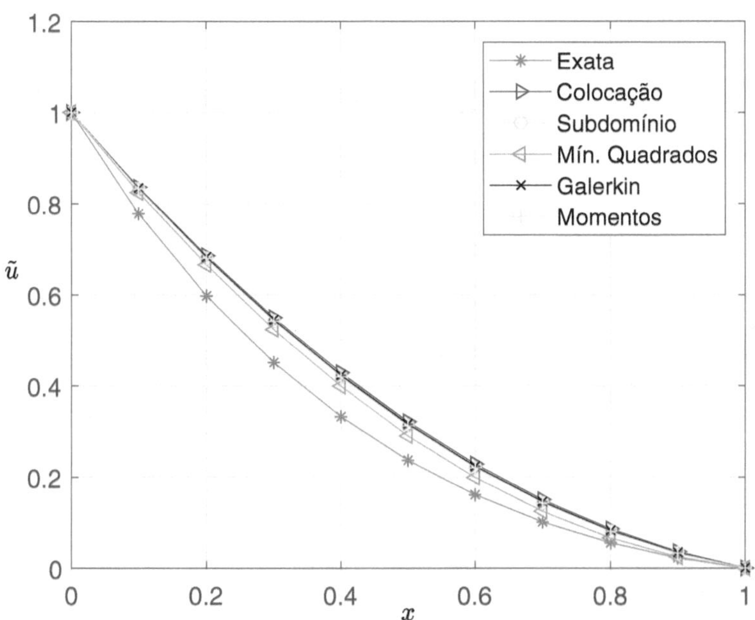

Figura 2.2: Comparação entre a solução exata e aproximadas do exemplo 2.

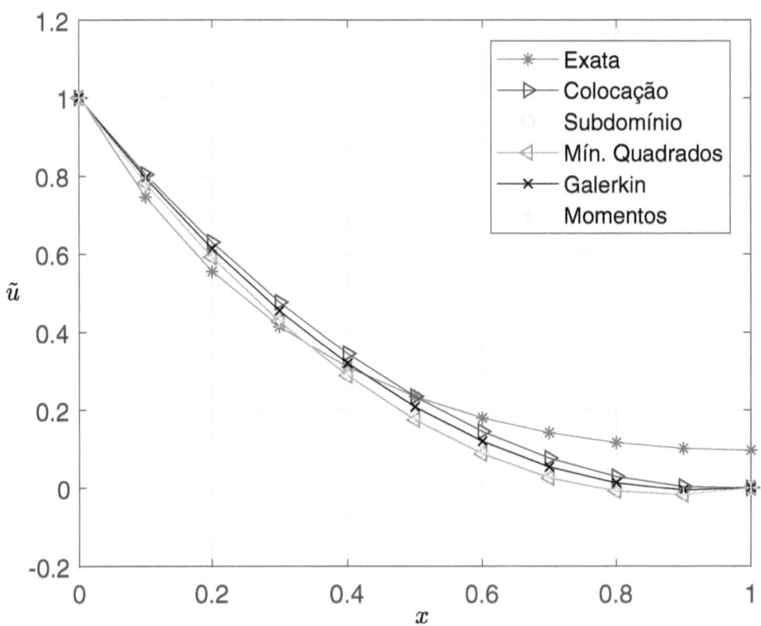

Figura 2.3: Comparação entre a solução exata e aproximadas do exemplo 3.

Capítulo 3

Condução de calor

Neste capítulo são apresentadas as equações básicas da condução de calor unidimensional, bidimensional e tridimensional em regime transiente e com geração de calor.

3.1 Condução de calor em regime permanente

Para uma diferença de temperatura entre as duas faces da parede mostrada na Fig. (3.1), ocorre a transferência de calor da temperatura mais alta (T_1) para temperatura mais baixa (T_2). A transferência de calor em regime permanente ocorre quando o tempo não é variável no problema.

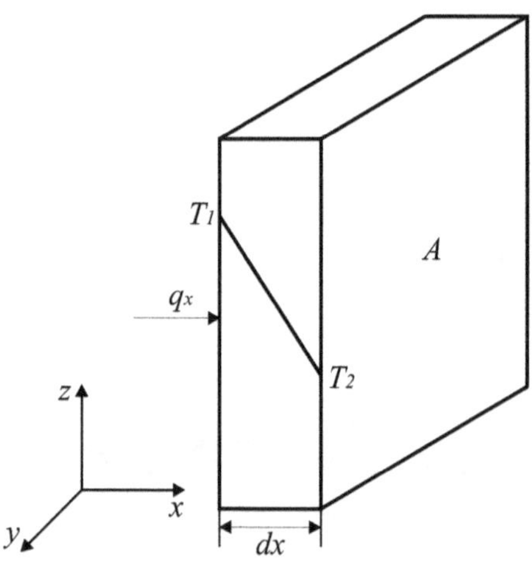

Figura 3.1: Diferença de temperatura nas faces da parede.

A diferença de temperatura que ocasiona a transferência de calor entre as duas faces é chamada de lei da condução térmica ou lei de Fourier. A equação de Fourier pode ser aplicada a todos os estados da matéria (sólido, líquido ou gasoso), e estabelece que a taxa de transferência de calor por unidade de área é proporcional ao gradiente de temperatura, ou seja:

$$\frac{q_x}{A} \approx \frac{\partial T}{\partial x} \tag{3.1}$$

A proporcionalidade entre os dois termos é dada pela constante de condutividade térmica k, ou seja[1]:

$$q_x = -kA\frac{\partial T}{\partial x} \tag{3.2}$$

onde,

q_x = taxa de transferência de calor por condução;

k = condutividade térmica;

A = área da seção transversal;

dT/dx = gradiente de temperatura.

A Eq. (3.2) pode ser reescrita na forma de fluxo térmico, ou seja:

$$q'_x = \frac{q_x}{A} = -k\frac{\partial T}{\partial x} \tag{3.3}$$

A direção do fluxo de calor da Eq. (3.3) é sempre normal a superfície A (ver Fig. 3.1). Pode-se notar que a equação de Fourier é obtida através de evidências experimentais, ou seja, não existe princípio derivativo para sua obtenção. Além disso, o fluxo térmico é uma grandeza vetorial, assim a Eq. (3.3) pode ser escrita de uma forma mais geral para um campo escalar de temperaturas $T(x, y, z)$, ou seja:

$$q' = -k\nabla T \tag{3.4}$$

---

[1]O sinal $(-)$ representa a variação da temperatura, ou seja, $(T_1 > T_2)$.

ou,

$$q' = -k\left(\frac{\partial T}{\partial x}\vec{i} + \frac{\partial T}{\partial y}\vec{j} + \frac{\partial T}{\partial z}\vec{k}\right) \tag{3.5}$$

onde ∇ é o gradiente de temperatura. Na Eq. (3.5) pode-se notar que o fluxo térmico encontra-se perpendicular à superfície (ver Fig. 3.2). Assim, a Eq. (3.5) pode ser escrita da seguinte forma[2]:

$$q' = -k\frac{\partial T}{\partial n} \tag{3.6}$$

O fluxo térmico da Eq. (3.5) pode ser escrito em coordenadas cartesianas, ou seja:

$$q' = q'_x\vec{i} + q'_y\vec{j} + q'_z\vec{k} \tag{3.7}$$

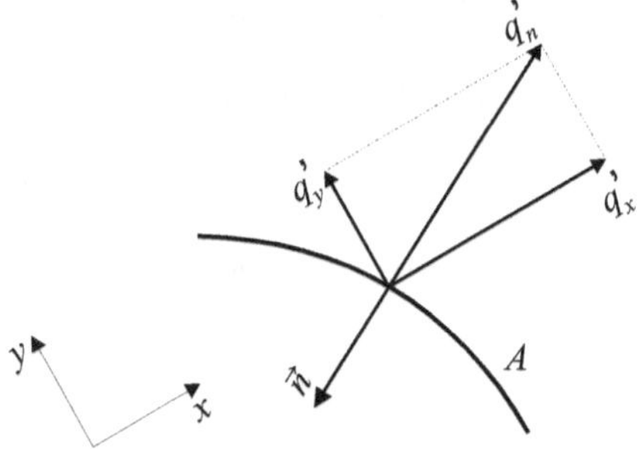

Figura 3.2: Fluxo q_n normal a superfície A.

---

[2]A condutividade térmica k é independente da direção do fluxo térmico q'.

Igualando as Eq. (3.5) e (3.7), obtém-se o fluxo térmico em direções perpendiculares a superfície A, ou seja:

$$q_x'\vec{i} + q_y'\vec{j} + q_z'\vec{k} = -k\left(\frac{\partial T}{\partial x}\vec{i} + \frac{\partial T}{\partial y}\vec{j} + \frac{\partial T}{\partial z}\vec{k}\right) \qquad (3.8)$$

e,

$$q_x' = -k\frac{\partial T}{\partial x} \qquad (3.9)$$

$$q_y' = -k\frac{\partial T}{\partial y} \qquad (3.10)$$

$$q_z' = -k\frac{\partial T}{\partial z} \qquad (3.11)$$

As Eq. (3.9), (3.10) e (3.11) relacionam o fluxo térmico q' com o gradiente de temperatura ∇T em uma direção perpendicular a superfície A, respectivamente, aos eixos x, y e z. Além disso, a equação de Fourier é apresentada na forma vetorial, e o sinal negativo é devido o fluxo térmico ocorrer sempre do sentido da maior para menor temperatura, ou seja, a diferença de temperatura será sempre negativa $(-)$.

3.2   Equação unidimensional da condu-
ção de calor

O princípio da condução de calor consiste em obter a distribuição de temperatura através da equação geral da condução térmica, e aplicação das condições de contorno do problema. Através da distribuição de temperatura é possível obter o fluxo térmico em qualquer ponto do problema utilizando a Eq. (3.5). É interessante compreender que as tensões, deflexões e dilatações oriundas de efeitos térmicos estão relacionadas com as tensões estruturais através da lei de Hooke[3]. Além disso, o estudo da distribuição de temperaturas em cabos condutores de eletricidade serve para otimizar a espessura dos isolantes térmicos através do raio crítico de isolamento.

Através do balanço de energia será obtida uma equação diferencial de segunda ordem que será resolvida através das condições de contorno do problema. Como existe diferença de temperatura entre as faces do elemento diferencial, a taxa de transferência de calor por condução através da espessura dx é dada por q_x. A parede oposta apresenta uma variação na taxa de transferência de

---

[3]A tensão é proporcional a deformação: $\sigma = E\varepsilon$.

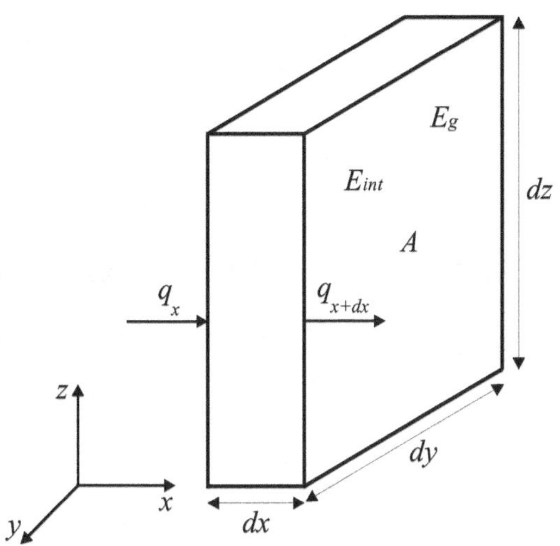

Figura 3.3: Elemento diferencial.

calor por condução que pode ser expressa através da q_{x+dx}. A taxa de transferência de calor por condução através da parede oposta pode ser expressa pelos dois primeiros termos da série de Taylor, ou seja:

$$q_{x+dx} = q_x + \frac{\partial q_x}{\partial x}dx \qquad (3.12)$$

A Eq. (3.12) corresponde a taxa de transferência de calor por condução em x, somada a parcela que varia em x, e multiplicada por dx. No interior do elemento diferencial existe um termo associado à taxa de geração de energia térmica, ou seja:

$$E_g = \dot{q}\,dx\,dy\,dz \tag{3.13}$$

onde $\dot{q}$ é a taxa de energia gerada por unidade de volume (W/m^3). No interior do elemento diferencial pode ocorrer um acúmulo de energia relacionado com variações da quantidade de energia interna, ou seja:

$$E_{int} = \rho c_p \frac{\partial T}{\partial t}\,dx\,dy\,dz \tag{3.14}$$

onde $\rho c_p \frac{\partial T}{\partial t}$ representa a variação da energia sensível do meio por unidade de volume.

As energias E_g e E_{int}, estão relacionadas a processos físicos diferentes. A energia E_g representa a conversão da energia térmica em energia química ou elétrica, por exemplo. Quando a energia térmica está sendo gerada pelo sistema ela apresenta sinal positivo $+E_g$, por outro lado, se a energia térmica está sendo consumida pelo sistema ela apresenta sinal negativo $-E_g$. A energia acumulada E_{int} representa a variação da energia térmica acumulada pela matéria.

Aplicando o princípio de conservação da energia com base na Fig. (3.3), obtém-se:

$$E_{ent} + E_g = E_{sai} + E_{int} \tag{3.15}$$

onde os termos E_{ent} e E_{sai} referem-se, respectivamente, as energias na entrada e saída do elemento diferencial, ou seja:

$$E_{ent} = q_x \qquad (3.16)$$

e,

$$E_{sai} = q_x + \frac{\partial q_x}{\partial x}dx \qquad (3.17)$$

Substituindo as Eq. (3.13), (3.14), (3.16) e (3.17), na Eq. (3.15), obtém-se:

$$q_x + \dot{q}dxdydz = \rho c_p \frac{\partial T}{\partial t}dxdydz + q_x + \frac{\partial q_x}{\partial x}dx \qquad (3.18)$$

Simplificando a Eq. (3.18), obtém-se:

$$\dot{q}dxdydz = \rho c_p \frac{\partial T}{\partial t}dxdydz + \frac{\partial q_x}{\partial x}dx \qquad (3.19)$$

O segundo termo do lado direito da Eq. (3.19), pode ser substituído pela Eq. (3.2), ou seja[4]:

$$\dot{q}dxdydz = \rho c_p \frac{\partial T}{\partial t}dxdydz - k\frac{\partial}{\partial x}\left(\frac{\partial T}{\partial x}\right)dxdydz \qquad (3.20)$$

Dividindo a Eq. (3.20) por $dxdydz$, obtém-se:

$$\dot{q} = \rho c_p \frac{\partial T}{\partial t} - k\frac{\partial}{\partial x}\left(\frac{\partial T}{\partial x}\right) \qquad (3.21)$$

---

[4]Note que o diferencial de área da Eq. (3.2) é dado por $dydz$.

Reorganizando a Eq. (3.21), obtém-se:

$$k\frac{\partial}{\partial x}\left(\frac{\partial T}{\partial x}\right) + \dot{q} = \rho c_p \frac{\partial T}{\partial t} \tag{3.22}$$

ou,

$$k\frac{\partial^2 T}{\partial x^2} + \dot{q} = \rho c_p \frac{\partial T}{\partial t} \tag{3.23}$$

A Eq. (3.23) representa a equação da difusão de calor unidimensional. Além disso, quando se considera a condução térmica k constante, a Eq. (3.23) pode ser escrita da seguinte forma:

$$\frac{\partial^2 T}{\partial x^2} + \frac{\dot{q}}{k} = \frac{\rho c_p}{k}\frac{\partial T}{\partial t} \tag{3.24}$$

ou,

$$\frac{\partial^2 T}{\partial x^2} + \frac{\dot{q}}{k} = \frac{1}{\alpha}\frac{\partial T}{\partial t} \tag{3.25}$$

Para o caso bidimensional a Eq. (3.25), torna-se igual a:

$$\frac{\partial^2 T}{\partial x^2} + \frac{\partial^2 T}{\partial y^2} + \frac{\dot{q}}{k} = \frac{1}{\alpha}\frac{\partial T}{\partial t} \tag{3.26}$$

onde α representa a difusidade térmica do material.

3.3 Equação tridimensional da condução de calor

Na seção (3.2) foi deduzida a equação de calor em regime unidimensional e dependente do tempo. Admitindo que a taxa de

transferência de calor por condução ocorra em três dimensões, a
Eq. (3.25) pode ser reescrita como:

$$\frac{\partial^2 T}{\partial x^2} + \frac{\partial^2 T}{\partial y^2} + \frac{\partial^2 T}{\partial z^2} + \frac{\dot{q}}{k} = \frac{1}{\alpha}\frac{\partial T}{\partial t} \tag{3.27}$$

onde $T = T(x, y, z, t)$. A presença dos termos $\frac{\partial^2 T}{\partial y^2}$ e $\frac{\partial^2 T}{\partial z^2}$ na Eq.
(3.27), recorre da taxa de transferência de calor em y e z, ou seja:

$$q_y + \frac{\partial q_y}{\partial y}dy \tag{3.28}$$

e,

$$q_z + \frac{\partial q_z}{\partial z}dz \tag{3.29}$$

Em coordenadas cilíndricas (r, θ, z) a Eq. (3.27) é reescrita da
seguinte forma:

$$\frac{1}{r}\frac{\partial}{\partial r}\left(r\frac{\partial T}{\partial r}\right) + \frac{1}{r^2}\frac{\partial^2 T}{\partial \theta^2} + \frac{\partial^2 T}{\partial z^2} + \frac{\dot{q}}{k} = \frac{1}{\alpha}\frac{\partial T}{\partial t} \tag{3.30}$$

e o vetor fluxo térmico é dado por[5]:

$$q' = -k\nabla T = -\left(\frac{\partial T}{\partial r}\vec{i} + \frac{1}{r}\frac{\partial T}{\partial \theta}\vec{j} + \frac{\partial T}{\partial z}\vec{k}\right) \tag{3.31}$$

---

[5]No APÊNDICE D mostra-se a solução analítica da equação de calor no
estado bidimensional, regimento permanente e sem geração de calor.

Exemplo 1. Determine a equação da distribuição de temperatura no cilindro maciço. Considere que a temperatura na superfície do cilindro é dada por T_0, e a energia gerada internamente é dada por $\dot{q}$. Considere que geração de calor no cilindro ocorre de forma permanente.

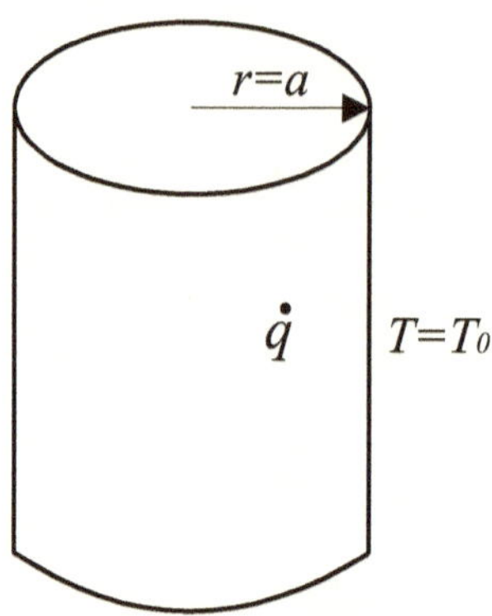

Figura 3.4: Cilindro maciço.

Da Eq. (3.30), pode-se fazer as seguinte simplificações:

$$\frac{1}{r}\frac{d}{dr}\left(r\frac{dT}{dr}\right) + \frac{\dot{q}}{k} = 0$$

Fazendo a separação de variáveis, obtém-se:

$$d\left(r\frac{dT}{dr}\right) = -\frac{\dot{q}}{k}r\,dr$$

Integrando a equação acima, obtém-se:

$$\int d\left(r\frac{dT}{dr}\right) = -\frac{\dot{q}}{k}\int r\,dr$$

$$r\frac{dT}{dr} = -\frac{\dot{q}r^2}{2k} + C_1$$

Fazendo a separação das variáveis, obtém-se:

$$\frac{dT}{dr} = -\frac{\dot{q}r}{2k} + \frac{C_1}{r}$$

$$dT = -\frac{\dot{q}r}{2k}dr + C_1\frac{dr}{r}$$

Integrando novamente, obtém-se:

$$T(r) = -\frac{\dot{q}r^2}{4k} + C_1\ln r + C_2$$

Para obter as constantes C_1 e C_2 são necessárias duas condições de contorno. A primeira condição é obtida através da simetria do cilindro, ou seja, quando $r = 0$ o gradiente de temperatura dT/dr é igual a 0. Na segunda condição pode-se observar que na superfície do cilindro, $r = a$, a temperatura é igual a T_0.

Condição $dT/dr(r = 0) = 0$:

$$\frac{dT}{dr} = -\frac{\dot{q}r}{2k} + \frac{C_1}{r}$$

$$0 = -\frac{\dot{q} \times 0}{2k} + \frac{C_1}{0}$$

$$C_1 = 0$$

Condição $T(r = a) = T_0$:

$$T = -\frac{\dot{q}r^2}{4k} + C_1 \ln r + C_2$$

$$T_0 = -\frac{\dot{q}a^2}{4k} + 0 \times \ln r + C_2$$

$$C_2 = \frac{\dot{q}a^2}{4k} + T_0$$

Substituindo as constantes C_1 e C_2 na equação da temperatura, obtém-se:

$$T = -\frac{\dot{q}r^2}{4k} + C_1 \ln r + C_2$$

$$T = -\frac{\dot{q}r^2}{4k} + (0 \times \ln r) + \frac{\dot{q}a^2}{4k} + T_0$$

$$T(r) = \frac{\dot{q}}{4k}(a^2 - r^2) + T_0$$

Exemplo 2. Determine o fluxo térmico do exemplo 1.

O fluxo de calor na direção radial é dado por:

$$q' = -k\frac{dT}{dr}$$

Substituindo o gradiente dT/dr na equação de fluxo térmico, obtém-se:

$$q' = -\frac{k \times \dot{q}r}{2k}$$

$$q' = -\frac{\dot{q}r}{2}$$

Capítulo 4

Formulação forte e fraca da equação de calor

Neste capítulo são apresentadas as formulações forte e fraca da equação de calor. A formulação forte será desenvolvida através de integração direta da equação de calor, e a formulação fraca será desenvolvida utilizando o método dos resíduos ponderados (MRP) de Galerkin.

4.1 Equação da condução de calor

Considere a Eq. (3.25) em regime permanente, ou seja:

$$\frac{\partial^2 T}{\partial x^2} + \frac{\dot{q}}{k} = 0 \tag{4.1}$$

As condições de contorno da Eq. (4.1) são dadas por:

1. $T(x = 0) = T_0$

2. $\frac{dT}{dx}(x = L) = 0$

O problema acima é resolvido através da formulação forte (integração direta) e formulação fraca (método de Galerkin).

4.1.1 Formulação forte

A formulação forte para Eq. (4.1) é obtida através de duas integrações, e em seguida à aplicação das condições de contorno.

$$\frac{d}{dx}\left(\frac{dT}{dx}\right) = -\frac{\dot{q}}{k}$$

$$\frac{dT(x)}{dx} = -\frac{\dot{q}}{k}x + C_1$$

$$T(x) = -\frac{\dot{q}}{2k}x^2 + C_1 x + C_2$$

Aplicando as condições de contorno (1) e (2), obtém-se:

$$T(x) = -\frac{\dot{q}}{2k}x^2 + \frac{\dot{q}L}{k}x + T_0$$

4.1.2 Formulação fraca

A formulação fraca é obtida multiplicando o resíduo da Eq. (4.1) por uma função peso w_i e integrando ao longo do domínio do problema, ou seja:

$$\int_x w \left[\frac{d}{dx}\left(\frac{dT}{dx}\right) + \frac{\dot{q}}{k} \right] dx = 0 \tag{4.2}$$

Separando as integrais, obtém-se:

$$\int_x w \left[\frac{d}{dx}\left(\frac{dT}{dx}\right) \right] dx + \int_x w \frac{\dot{q}}{k} dx = 0 \tag{4.3}$$

O gradiente dT/dx pode ser chamado de F para efeito de simplificação, e o primeiro termo do lado esquerdo da Eq. (4.3) pode ser escrito como:

$$\frac{d}{dx}(Fw) \tag{4.4}$$

Fazendo a derivada do produto, obtém-se:

$$\frac{d}{dx}(Fw) = w\frac{dF}{dx} + F\frac{dw}{dx} \tag{4.5}$$

$$w\frac{dF}{dx} = \frac{d}{dx}(Fw) - F\frac{dw}{dx} \tag{4.6}$$

Integrando a Eq. (4.6) ao longo do domínio do problema, obtém-se:

$$\int_0^L w\frac{dF}{dx}dx = \int_0^L \frac{d}{dx}(Fw)dx - \int_0^L F\frac{dw}{dx}dx \tag{4.7}$$

A primeira integral do lado direito da Eq. (4.7) pode ser substituída pelas condições de contorno, ou seja:

$$\int_0^L w\frac{dF}{dx}dx = Fw|_{x=L} - Fw|_{x=0} - \int_0^L F\frac{dw}{dx}dx \qquad (4.8)$$

A Eq. (4.8) representa uma integração por partes, e substituindo a Eq. (4.8) na Eq. (4.3), obtém-se:

$$Fw|_{x=L} - Fw|_{x=0} - \int_0^L F\frac{dw}{dx}dx + \int_0^L w\frac{\dot{q}}{k}dx = 0 \qquad (4.9)$$

Substituindo o valor de F pelo gradiente dT/dx na Eq. (4.9), obtém-se:

$$\frac{dT}{dx}w\bigg|_{x=L} - \frac{dT}{dx}w\bigg|_{x=0} - \int_0^L \frac{dT}{dx}\frac{dw}{dx}dx + \int_0^L w\frac{\dot{q}}{k}dx = 0 \qquad (4.10)$$

A função peso w_i é obtida através da derivação em relação aos parâmetros desconhecidos α_i, logo:

$$w_i = \frac{dT}{d\alpha_i} \qquad (4.11)$$

Substituindo a Eq. (4.11) na Eq. (4.10), obtém-se:

$$\frac{dT}{dx}\frac{dT}{d\alpha_i}\bigg|_{x=L} - \frac{dT}{dx}\frac{dT}{d\alpha_i}\bigg|_{x=0} - \int_0^L \frac{dT}{dx}\frac{d}{dx}\left(\frac{dT}{d\alpha_i}\right)dx + \int \frac{dT}{d\alpha_i}\frac{\dot{q}}{k}dx = 0$$

$$(4.12)$$

A solução linear aproximada para Eq. (4.12) é dada por:

$$\tilde{T}(x) = \alpha_0 + \alpha_1 x \qquad (4.13)$$

Da condição de contorno do problema $\tilde{T}(x = 0) = T_0$, obtém-se:

$$\tilde{T}(x) = T_0 + \alpha_1 x \tag{4.14}$$

A segunda condição de contorno $d\tilde{T}/dx(x = L) = 0$ simplifica a Eq. (4.12), ou seja:

$$-\frac{d\tilde{T}}{dx}\frac{d\tilde{T}}{d\alpha_i}\bigg|_{x=0} - \int_0^L \frac{d\tilde{T}}{dx}\frac{d}{dx}\left(\frac{d\tilde{T}}{d\alpha_i}\right)dx + \int \frac{d\tilde{T}}{d\alpha_i}\frac{\dot{q}}{k}dx = 0 \tag{4.15}$$

Substituindo o índice $i = 1$ na Eq. (4.15), obtém-se:

$$-\frac{d\tilde{T}}{dx}\frac{d\tilde{T}}{d\alpha_1}\bigg|_{x=0} - \int_0^L \frac{d\tilde{T}}{dx}\frac{d}{dx}\left(\frac{d\tilde{T}}{d\alpha_1}\right)dx + \frac{\dot{q}}{k}\int_0^L \frac{d\tilde{T}}{d\alpha_1}dx = 0 \tag{4.16}$$

Como o índice i assume o valor de 1, as derivadas da função $\tilde{T}$ são dadas por:

$$\frac{d\tilde{T}}{d\alpha_1} = x$$

$$\frac{d}{dx}\left(\frac{d\tilde{T}}{d\alpha_1}\right) = 1$$

$$\frac{d\tilde{T}}{dx} = \alpha_1$$

Substituindo as derivadas da função $\tilde{T}$ em relação a x e α_1 na Eq. (4.16), obtém-se:

$$-\alpha_1 \times x \bigg|_{x=0} - \int_0^L \alpha_1 \times 1 \times dx + \frac{\dot{q}}{k}\int_0^L x \times dx = 0$$

ou,

$$-\int_0^L \alpha_1 \times 1 \times dx + \frac{\dot{q}}{k}\int_0^L x \times dx = 0$$

Integrando a equação acima e substituindo os limites de integração, obtém-se:

$$-\alpha_1 x \bigg|_{x=0}^{x=L} + \frac{\dot{q}}{k}\frac{x^2}{2}\bigg|_{x=0}^{x=L} = 0$$

ou,

$$\alpha_1 x \bigg|_{x=0}^{x=L} = \frac{\dot{q}}{k}\frac{x^2}{2}\bigg|_{x=0}^{x=L}$$

$$\alpha_1 L = \frac{\dot{q}}{k}\frac{L^2}{2}$$

Logo,

$$\alpha_1 = \frac{\dot{q}L}{2k}$$

Substituindo o valor de α_1 na Eq. (4.14), obtém-se:

$$\tilde{T}(x) = T_0 + \frac{\dot{q}L}{2k}x \tag{4.17}$$

Uma segunda solução aproximada para Eq. (4.12) é dada por:

$$\tilde{T} = \alpha_0 + \alpha_1 x + \alpha_2 x^2 \tag{4.18}$$

A escolha da função quadrática é devido a Eq. (4.12) apresentar derivada de segunda ordem, e dessa forma, apresenta uma boa aproximação. Da condição de contorno do problema $\tilde{T}(x = 0) = T_0$, obtém-se:

$$\tilde{T}(x) = T_0 + \alpha_1 x + \alpha_2 x^2 \tag{4.19}$$

Substituindo o índice $i = 2$ na Eq. (4.15), obtém-se:

$$-\frac{d\tilde{T}}{dx}\frac{d\tilde{T}}{d\alpha_2}\bigg|_{x=0} - \int_0^L \frac{d\tilde{T}}{dx}\frac{d}{dx}\left(\frac{d\tilde{T}}{d\alpha_2}\right)dx + \frac{\dot{q}}{k}\int_0^L \frac{d\tilde{T}}{d\alpha_2}dx = 0 \tag{4.20}$$

Como o índice i assume os valores de 1 e 2, respectivamente, as derivadas da função $\tilde{T}$ são dadas por:

$$\frac{d\tilde{T}}{d\alpha_1} = x$$

$$\frac{d}{dx}\left(\frac{d\tilde{T}}{d\alpha_1}\right) = 1$$

$$\frac{d\tilde{T}}{d\alpha_2} = x^2$$

$$\frac{d}{dx}\left(\frac{d\tilde{T}}{d\alpha_2}\right) = 2x$$

$$\frac{d\tilde{T}}{dx} = \alpha_1 + 2\alpha_2 x$$

Substituindo as derivadas da função $\tilde{T}$ em relação a x, α_1 e α_2 nas Eq. (4.16) e Eq. (4.20), obtém-se:

Para $i = 1$:

$$-\frac{d\tilde{T}}{dx}\frac{d\tilde{T}}{d\alpha_1}\bigg|_{x=0} - \int_0^L \frac{d\tilde{T}}{dx}\frac{d}{dx}\left(\frac{d\tilde{T}}{d\alpha_1}\right)dx + \frac{\dot{q}}{k}\int_0^L \frac{d\tilde{T}}{d\alpha_1}dx = 0$$

$$-\left[(\alpha_1 + 2\alpha_2 x) \times x\right]\big|_{x=0} - \int_0^L (\alpha_1 + 2\alpha_2 x) \times 1 \times dx +$$

$$+\frac{\dot{q}}{k}\int_0^L x \times dx = 0$$

O primeiro termo do lado esquerdo é igual a zero, pois o limite de integração é $x = 0$, logo:

$$-\int_0^L (\alpha_1 + 2\alpha_2 x)dx + \frac{\dot{q}}{k}\int_0^L x dx = 0$$

$$\left[\alpha_1 x + \alpha_2 x^2\right]_0^L = \frac{\dot{q}}{k}\left[\frac{x^2}{2}\right]_0^L$$

$$\alpha_1 = \left(\frac{\dot{q}}{2k} - \alpha_2\right)L$$

Para $i = 2$:

$$-\frac{d\tilde{T}}{dx}\frac{d\tilde{T}}{d\alpha_2}\bigg|_{x=0} - \int_0^L \frac{d\tilde{T}}{dx}\frac{d}{dx}\left(\frac{d\tilde{T}}{d\alpha_2}\right)dx + \frac{\dot{q}}{k}\int_0^L \frac{d\tilde{T}}{d\alpha_2}dx = 0$$

$$-\left[(\alpha_1 + 2\alpha_2 x) \times x^2\right]\Big|_{x=0} - \int_0^L (\alpha_1 + 2\alpha_2 x) \times 2x \times dx+$$

$$+\frac{\dot{q}}{k} \int_0^L x^2 \times dx = 0$$

$$-\int_0^L (2\alpha_1 x + 4\alpha_2 x^2)dx + \frac{\dot{q}}{k} \int_0^L x^2 dx = 0$$

$$\left[\alpha_1 x^2 + \frac{4\alpha_2 x^3}{3}\right]_0^L + \frac{\dot{q}}{k}\left[\frac{x^3}{3}\right]_0^L = 0$$

$$\alpha_1 L^2 + \frac{4L^3}{3}\alpha_2 = \frac{\dot{q}L^3}{3k}$$

$$\alpha_1 = \left(\frac{\dot{q}}{3k} - \frac{4}{3}\alpha_2\right) L$$

Resolvendo o sistema acima, obtém-se:

$$\alpha_1 = \frac{\dot{q}L}{k}$$

e,

$$\alpha_2 = -\frac{\dot{q}}{2k}$$

Substituindo α_1 e α_2 na Eq. (4.19), obtém-se:

$$\tilde{T}(x) = -\frac{\dot{q}}{2k}x^2 + \frac{\dot{q}L}{k}x + T_0$$

Uma terceira solução aproximada para Eq. (4.12) é dada por:

$$\tilde{T} = \alpha_0 + \alpha_1 x + \alpha_2 x^2 + \alpha_3 x^3 \tag{4.21}$$

A escolha da função cúbica é devido a Eq. (4.12) apresentar derivada de segunda ordem, e dessa forma, apresenta uma boa aproximação. Da condição de contorno do problema $\tilde{T}(x = 0) = T_0$, obtém-se:

$$\tilde{T} = T_0 + \alpha_1 x + \alpha_2 x^2 + \alpha_3 x^3 \tag{4.22}$$

Substituindo o índice $i = 3$ na Eq. (4.15), obtém-se:

$$-\frac{d\tilde{T}}{dx}\frac{d\tilde{T}}{d\alpha_3}\bigg|_{x=0} - \int_0^L \frac{d\tilde{T}}{dx}\frac{d}{dx}\left(\frac{d\tilde{T}}{d\alpha_3}\right) dx + \frac{\dot{q}}{k}\int_0^L \frac{d\tilde{T}}{d\alpha_3} dx = 0 \tag{4.23}$$

Como o índice i assume os valores de 1, 2 e 3, respectivamente, as derivadas da função $\tilde{T}$ são dadas por:

$$\frac{d\tilde{T}}{d\alpha_1} = x$$

$$\frac{d}{dx}\left(\frac{d\tilde{T}}{d\alpha_1}\right) = 1$$

$$\frac{d\tilde{T}}{d\alpha_2} = x^2$$

$$\frac{d}{dx}\left(\frac{d\tilde{T}}{d\alpha_2}\right) = 2x$$

$$\frac{d\tilde{T}}{d\alpha_3} = x^3$$

$$\frac{d}{dx}\left(\frac{d\tilde{T}}{d\alpha_3}\right) = 3x^2$$

$$\frac{d\tilde{T}}{dx} = \alpha_1 + 2\alpha_2 x + 3\alpha_3 x^2$$

Substituindo as derivadas da função $\tilde{T}$ em relação a x, α_1 e α_2 nas Eq. (4.16), (4.20) e (4.23), obtém-se:

Para $i = 1$:

$$-\frac{d\tilde{T}}{dx}\frac{d\tilde{T}}{d\alpha_1}\bigg|_{x=0} - \int_0^L \frac{d\tilde{T}}{dx}\frac{d}{dx}\left(\frac{d\tilde{T}}{d\alpha_1}\right)dx + \frac{\dot{q}}{k}\int_0^L \frac{d\tilde{T}}{d\alpha_1}dx = 0$$

$$-[(\alpha_1 + 2\alpha_2 x + 3\alpha_3 x^2) \times x]\big|_{x=0} - \int_0^L (\alpha_1 + 2\alpha_2 x + 3\alpha_3 x^2) \times 1 \times dx$$

$$+\frac{\dot{q}}{k}\int_0^L x \times dx = 0$$

O primeiro termo do lado esquerdo é igual a zero, pois o limite de integração é $x = 0$, logo:

$$-\int_0^L (\alpha_1 + 2\alpha_2 x + 3\alpha_3 x^2)dx + \frac{\dot{q}}{k}\int_0^L x\,dx = 0$$

Integrando a expressão acima, obtém-se:

$$\left[\alpha_1 x + \alpha_2 x^2 + \alpha_3 x^3\right]_0^L = \frac{\dot{q}}{k}\left[\frac{x^2}{2}\right]_0^L$$

$$\alpha_1 + \alpha_2 L + \alpha_3 L^2 = \frac{\dot{q}L}{2k}$$

Para $i = 2$:

$$-\frac{d\tilde{T}}{dx}\frac{d\tilde{T}}{d\alpha_2}\bigg|_{x=0} - \int_0^L \frac{d\tilde{T}}{dx}\frac{d}{dx}\left(\frac{d\tilde{T}}{d\alpha_2}\right)dx + \frac{\dot{q}}{k}\int_0^L \frac{d\tilde{T}}{d\alpha_2}dx = 0$$

$$-[(\alpha_1 + 2\alpha_2 x + 3\alpha_3 x^2)x^2]\big|_{x=0} - \int_0^L (\alpha_1 + 2\alpha_2 x + 3\alpha_3 x^2)2xdx+$$

$$+\frac{\dot{q}}{k}\int_0^L x^2 dx = 0$$

$$-2\int_0^L (\alpha_1 x + 2\alpha_2 x^2 + 3\alpha_3 x^3)dx + \frac{\dot{q}}{k}\int_0^L x^2 dx = 0$$

Integrando a expressão acima, obtém-se:

$$\left[\frac{\alpha_1 x^2}{2} + \frac{2\alpha_2 x^3}{3} + \frac{3\alpha_3 x^4}{4}\right]_0^L = \frac{\dot{q}}{2k}\left[\frac{x^3}{3}\right]_0^L$$

$$\frac{\alpha_1}{2} + \frac{2\alpha_2 L}{3} + \frac{3\alpha_3 L^2}{4} = \frac{\dot{q}L}{6k}$$

Para $i = 3$:

$$-\frac{d\tilde{T}}{dx}\frac{d\tilde{T}}{d\alpha_3}\bigg|_{x=0} - \int_0^L \frac{d\tilde{T}}{dx}\frac{d}{dx}\left(\frac{d\tilde{T}}{d\alpha_3}\right)dx + \frac{\dot{q}}{k}\int_0^L \frac{d\tilde{T}}{d\alpha_3}dx = 0$$

$$-[(\alpha_1 + 2\alpha_2 x + 3\alpha_3 x^2) \times x^3]\big|_{x=0} - \int_0^L (\alpha_1 + 2\alpha_2 x +$$

$$+3\alpha_3 x^2) \times 3x^2 dx + \frac{\dot{q}}{k}\int_0^L x^3 \times dx = 0$$

$$-3\int_0^L (\alpha_1 x^2 + 2\alpha_2 x^3 + 3\alpha_3 x^4)dx + \frac{\dot{q}}{k}\int_0^L x^3 dx = 0$$

Integrando a expressão acima, obtém-se:

$$\left[\frac{\alpha_1 x^3}{3} + \frac{2\alpha_2 x^4}{4} + \frac{3\alpha_3 x^5}{5}\right]_0^L = \frac{\dot{q}}{3k}\left[\frac{x^4}{4}\right]_0^L$$

$$\frac{\alpha_1}{3} + \frac{\alpha_2 L}{2} + \frac{3\alpha_3 L^2}{5} = \frac{\dot{q}L}{12k}$$

Os termos α_1, α_2 e α_3 são obtidos através da resolução do sistema

formado pelas três equações, ou seja:

$$\begin{cases} \alpha_1 + \alpha_2 L + \alpha_3 L^2 = \dot{q}L/2k \\ \alpha_1/2 + 2\alpha_2 L/3 + 3\alpha_3 L^2/4 = \dot{q}L/6k \\ \alpha_1/3 + \alpha_2 L/2 + 3\alpha_3 L^2/5 = \dot{q}L/12k \end{cases}$$

Após o escalonamento do sistema acima[1], obtém-se:

$$\alpha_1 = \frac{\dot{q}L}{k}$$

$$\alpha_2 = -\frac{\dot{q}}{2k}$$

$$\alpha_3 = 0$$

Substituindo α_1, α_2 e α_3 na Eq. (4.19), obtém-se:

$$\tilde{T}(x) = -\frac{\dot{q}}{2k}x^2 + \frac{\dot{q}L}{k}x + T_0$$

Pode-se observar que a solução $\tilde{T}$ obtida através do método de Galerkin (Formulação fraca) é equivalente a solução analítica obtida através de integração direta (Formulação forte). A Fig. (4.1) mostra a convergência entre as soluções analítica, quadrática e cúbica, e divergência com a solução linear.

---

[1]Ver a solução do sistema linear no APÊNDICE E.

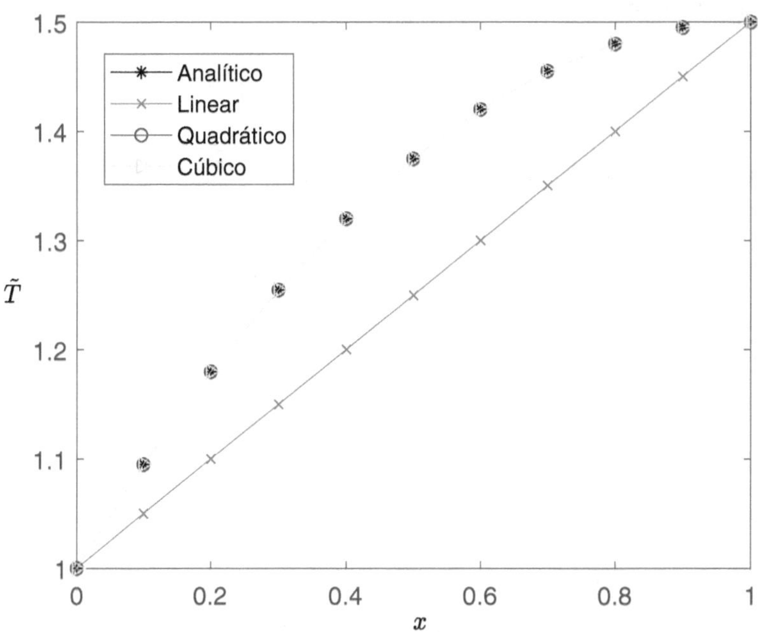

Figura 4.1: Comparação entre soluções.

Capítulo 5

Teorema de Gauss-Green

Neste capítulo são apresentados os teoremas de Gauss-Green, divegência de Gauss e a segunda identidade de Green. Os teoremas são utilizados para transformar integrais de domínio Ω em integrais de contorno Γ.

5.1   Teorema de Gauss-Green

O teorema de Gauss-Green relaciona a integral da derivada de uma função sobre o domínio Ω com a integral dessa função em seu contorno Γ. Ao longo do texto os problemas serão definidos pelo plano Ω^1 e contorno Γ como mostra a Fig. (5.1).

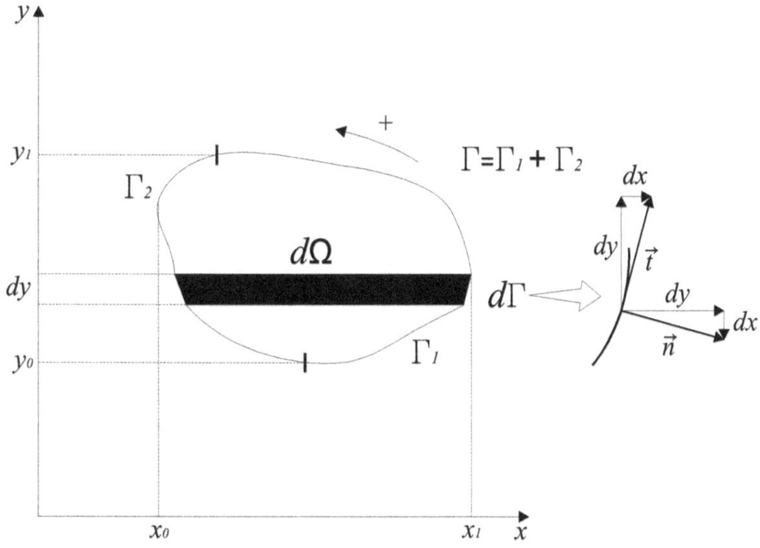

Figura 5.1: Elemento diferencial.

A função $f(x,y)$ é integrada em relação aos eixos x e y, respectivamente.

$$\int_\Omega \frac{\partial f(x,y)}{\partial x}d\Omega = \int_{y_0}^{y_1}\left[\int_{x_0}^{x_1}\frac{\partial f(x,y)}{\partial x}dx\right]dy \qquad (5.1)$$

$$\int_\Omega \frac{\partial f(x,y)}{\partial x}d\Omega = \int_{y_0}^{y_1}[f(x_1,y)-f(x_0,y)]dy \qquad (5.2)$$

---

[1]O domínio da função $f(x,y)$ pode ser definido para duas ou três dimensões.

onde,

$\vec{t}$: vetor unitário tangente ao contorno Γ;

$\vec{n}$: vetor unitário normal ao contorno Γ.

O vetor $d\Gamma$ é feito da composição de dx e dy, ou seja:

$$d\Gamma = \sqrt{dx^2 + dy^2} \tag{5.3}$$

O $\vec{t}$ é um vetor unitário, dessa forma:

$$\vec{t} = \frac{dx\vec{i} + dy\vec{j}}{\sqrt{dx^2 + dy^2}} = \frac{dx\vec{i} + dy\vec{j}}{d\Gamma} \tag{5.4}$$

ou,

$$\vec{t} = \frac{dx}{d\Gamma}\vec{i} + \frac{dy}{d\Gamma}\vec{j} \tag{5.5}$$

O $\vec{n}$ é um vetor unitário, dessa forma:

$$\vec{n} = \frac{dy}{d\Gamma}\vec{i} - \frac{dx}{d\Gamma}\vec{j} \tag{5.6}$$

Da Eq. (5.6) pode-se notar que:

$$\vec{n}_x = \frac{dy}{d\Gamma} \Rightarrow dy = \vec{n}_x d\Gamma \tag{5.7}$$

e,

$$\vec{n}_y = -\frac{dx}{d\Gamma} \Rightarrow dx = -\vec{n}_y d\Gamma \tag{5.8}$$

Substituindo a Eq. (5.7) na Eq. (5.2), obtém-se:

$$\int_\Omega \frac{\partial f(x,y)}{\partial x}d\Omega = \int_{y_0}^{y_1} f(x_1,y)n_x d\Gamma - \int_{y_0}^{y_1} f(x_0,y)n_x d\Gamma \qquad (5.9)$$

Dividindo a integral em duas partes ao longo do contorno $\Gamma_1 + \Gamma_2$, obtém-se:

$$\int_\Omega \frac{\partial f(x,y)}{\partial x}d\Omega = \int_{\Gamma_2} f(x_1,y)n_x d\Gamma - \int_{\Gamma_1} f(x_0,y)n_x d\Gamma \qquad (5.10)$$

ou,

$$\int_\Omega \frac{\partial f(x,y)}{\partial x}d\Omega = \int_{\Gamma} f(x,y)n_x d\Gamma \qquad (5.11)$$

A integração para y é dada por:

$$\int_\Omega \frac{\partial f(x,y)}{\partial y}d\Omega = \int_{\Gamma} f(x,y)n_y d\Gamma \qquad (5.12)$$

Para o espaço R^3, as integrais de volume são transformadas em integrais de área da seguinte forma:

$$\int_V \frac{\partial f}{\partial x}dV = \int_z \int_y \int_x \left\{\frac{\partial f}{\partial x}\right\}dydz = \int_z \int_y [f(x_1) - f(x_0)]dydz$$

$$(5.13)$$

A Eq. (5.13) pode ser reescrita como:

$$\int_V \frac{\partial f}{\partial x}dV = \int_{\Gamma} f n_x d\Gamma \qquad (5.14)$$

ou,

$$\int_V \frac{\partial f}{\partial x_i} dV = \int_\Gamma f_i n_i d\Gamma \qquad (5.15)$$

onde i assume os valores de x, y, z. Se uma outra função g é função de x e y, então as Eq. (5.11) e (5.12) resultam em:

$$\int_\Omega \frac{\partial (f \times g)}{\partial x} d\Omega = \int_\Gamma (f \times g) n_x d\Gamma = \int_\Omega \left(g \times \frac{\partial f}{\partial x} \right) d\Omega +$$
$$+ \int_\Omega \left(f \times \frac{\partial g}{\partial x} \right) d\Omega \quad (5.16)$$

Isolando o primeiro termo do lado direito da Eq. (5.16), obtém-se:

$$\int_\Omega \left(g \times \frac{\partial f}{\partial x} \right) d\Omega = \int_\Gamma (f \times g) n_x d\Gamma - \int_\Omega \left(f \times \frac{\partial g}{\partial x} \right) d\Omega \quad (5.17)$$

e,

$$\int_\Omega \frac{\partial (f \times g)}{\partial y} d\Omega = \int_\Gamma (f \times g) n_y d\Gamma = \int_\Omega \left(g \times \frac{\partial f}{\partial y} \right) d\Omega +$$
$$+ \int_\Omega \left(f \times \frac{\partial g}{\partial y} \right) d\Omega \quad (5.18)$$

Isolando o primeiro termo do lado direito da Eq. (5.18), obtém-se:

$$\int_\Omega \left(g \times \frac{\partial f}{\partial y} \right) d\Omega = \int_\Gamma (f \times g) n_y d\Gamma - \int_\Omega \left(f \times \frac{\partial g}{\partial y} \right) d\Omega \quad (5.19)$$

As Eq. (5.17) e (5.19) representam a integração por partes em duas dimensões e são conhecidas como o teorema de Gauss-Green.

5.2   Teorema da divergência de Gauss

O teorema da divergência resulta em uma aplicação do teorema de Gauss-Green. Considere o vetor $u' = u\vec{i} + v\vec{j}$, onde $\vec{i}$ e $\vec{j}$ representam os vetores unitários ao longo dos eixos x e y, e $u = u(x, y)$ e $v = v(x, y)$. Substituindo a função f da Eq. (5.11) por u e a função g da Eq. (5.12) por v, obtém-se:

$$\int_\Omega \left(\frac{\partial u}{\partial x} + \frac{\partial v}{\partial y} \right) d\Omega = \int_\Gamma (un_x + vn_y)d\Gamma \qquad (5.20)$$

As coordenadas x e y podem ser representadas por x_1 e x_2 e as componentes do vetor u' podem ser representadas por u_i, onde $i = 1, 2$, e o vetor normal n por n_i, ou seja:

$$\int_\Omega \left(\frac{\partial u_1}{\partial x_1} + \frac{\partial u_2}{\partial x_2} \right) d\Omega = \int_\Gamma (u_1 n_1 + u_2 n_2)d\Gamma \qquad (5.21)$$

ou,

$$\int_\Omega \frac{\partial u_i}{\partial x_i} = \int_\Gamma u_i n_i d\Gamma \qquad (5.22)$$

As Eq. (5.20), (5.21) e (5.22) podem ser reescritas da seguinte forma:

$$\int_\Omega \nabla . u d\Omega = \int_\Gamma u.n d\Gamma \qquad (5.23)$$

onde ∇ é dado por:

$$\nabla = \frac{\partial}{\partial x}\vec{i} + \frac{\partial}{\partial y}\vec{j} = \frac{\partial}{\partial x_i}\vec{i_1} + \frac{\partial}{\partial x_2}\vec{i_2} \qquad (5.24)$$

O vetor ∇ representa o operador diferencial que produz o gradiente do campo escalar. Na Eq. (5.23), o produto escalar dos vetores ∇ e u, representa a divergência de um campo vetorial u em um ponto dentro do domínio Ω, e a quantidade $u.n$ refere-se ao fluxo do campo vetorial em um ponto na fronteira Γ, além disso, o produto escalar expressa a projeção de u na direção de n. A Eq. (5.23) relaciona a divergência total com o fluxo total de um campo vetorial, e conhecido como teorema da divergência de Gauss.

5.3   Segunda identidade de Green

Considere as funções $u = u(x,y)$ e $v = v(x,y)$ que são contínuas e diferenciáveis no domínio Ω e contorno Γ. Substituindo na Eq. (5.17) a função g por v e f por $\partial u/\partial x$, e na Eq. (5.19) a função g por v e f por $\partial u/\partial y$, e somando das Eq. Eq. (5.17) e (5.19), obtém-se:

$$\int_\Omega v\left(\frac{\partial^2 u}{\partial x^2} + \frac{\partial^2 u}{\partial y^2}\right)d\Omega = \int_\Gamma v\left(\frac{\partial u}{\partial x}n_x + \frac{\partial u}{\partial y}n_y\right)d\Gamma -$$

$$- \int_\Omega \left(\frac{\partial u}{\partial x}\frac{\partial v}{\partial x} + \frac{\partial u}{\partial y}\frac{\partial v}{\partial y}\right)d\Omega \qquad (5.25)$$

De forma similar, substituindo na Eq. (5.17) a função g por u e f por $\partial v/\partial x$, e na Eq. (5.19) a função g por u e f por $\partial v/\partial y$, e somando das Eq. Eq. (5.17) e (5.19), obtém-se:

$$\int_\Omega u\left(\frac{\partial^2 v}{\partial x^2}+\frac{\partial^2 v}{\partial y^2}\right)d\Omega = \int_\Gamma u\left(\frac{\partial v}{\partial x}n_x+\frac{\partial v}{\partial y}n_y\right)d\Gamma -$$
$$-\int_\Omega\left(\frac{\partial u}{\partial x}\frac{\partial v}{\partial x}+\frac{\partial u}{\partial y}\frac{\partial v}{\partial y}\right)d\Omega \quad (5.26)$$

Subtraindo as Eq. (5.25) e (5.26), obtém-se:

$$\int_\Omega (v\nabla^2 u - u\nabla^2 v)d\Omega = \int_\Gamma\left(v\frac{\partial u}{\partial n} - u\frac{\partial v}{\partial n}\right)d\Gamma \quad (5.27)$$

onde ∇^2 é o operador de Laplace, ou seja:

$$\nabla^2 = \nabla.\nabla = \left(\frac{\partial}{\partial x}\vec{i}+\frac{\partial}{\partial y}\vec{j}\right).\left(\frac{\partial}{\partial x}\vec{i}+\frac{\partial}{\partial y}\vec{j}\right) = \frac{\partial^2}{\partial x^2}+\frac{\partial^2}{\partial y^2} \quad (5.28)$$

e,

$$\frac{\partial}{\partial n} = \vec{n}.\nabla = (n_x\vec{i}+n_y\vec{j}).\left(\frac{\partial}{\partial x}\vec{i}+\frac{\partial}{\partial y}\vec{j}\right) = n_x\frac{\partial}{\partial x}+n_x\frac{\partial}{\partial y} \quad (5.29)$$

o operador da Eq. (5.29) representa a derivada da função escalar na direção de $\vec{n}$. A Eq. (5.27) é chamada de segunda identidade de Green.

Exemplo 1. Mostre que a integração através da superfície da figura abaixo é nula utilizando a integração direta.

$$I = \int_A (2x\vec{i} - 2y\vec{j})\vec{n}dA$$

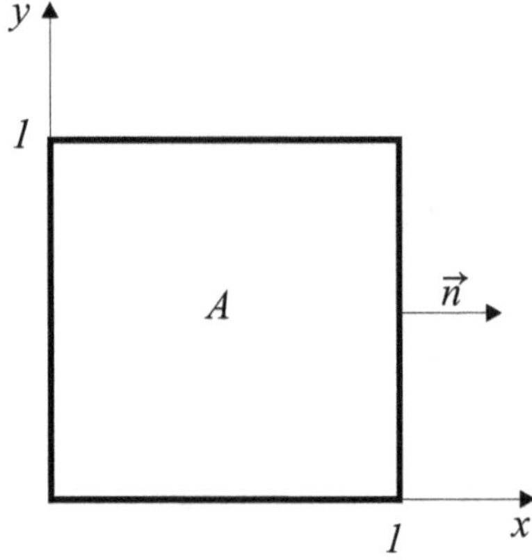

Utilizando a formulação direta para integrais de área e tomando os limites de integração em x e y, obtém-se:

$$I = \int_0^1 \int_0^1 (2x - 2y)dxdy$$

Integrando inicialmente em x, e aplicando os limites de integração, obtém-se:

$$I = \int_0^1 \left[\frac{2x^2}{2} - 2xy \right]_0^1 dy$$

$$I = \int_0^1 \left[1 - 2y \right]_0^1 dy$$

Integrando em y, e aplicando os limites de integração, obtém-se:

$$I = \left[y - \frac{2y^2}{2} \right]_0^1$$

$$I = 0$$

Exemplo 2. Desenvolva o exemplo 1 utilizando o teorema de Gauss-Green. Para o problema é necessário considerar o sentido do vetor normal $\vec{n}$ nos quatro lados do cubo unitário.

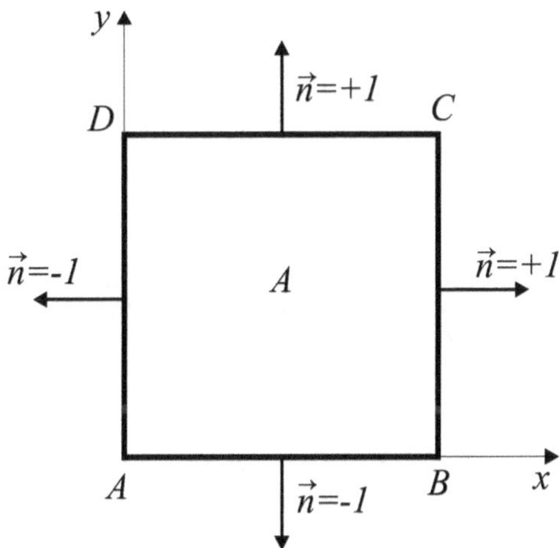

A integração será dividida em partes AB, BC, CD e DA, e levando-se em consideração o sentindo do vetor normal $\vec{n}$ ao contorno Γ, ou seja:

1. **Lado AB:** Para o lado AB o vetor normal $\vec{n}$, é igual a -1 e o diferencial de integração é dx, dessa forma:

$$I_1 = \int_0^1 (2x - 2y) \times (-1)dx$$

$$I_1 = \int_0^1 (-2x + 2y)dx$$

$$I_1 = \left[-\frac{2x^2}{2} + 2xy \right]_0^1$$

$$I_1 = -1 + 2y$$

2. **Lado BC:** Para o lado BC o vetor normal $\vec{n}$, é igual a $+1$ e o diferencial de integração é dy, dessa forma:

$$I_2 = \int_0^1 (2x - 2y) \times (+1)dy$$

$$I_2 = \int_0^1 (2x - 2y)dy$$

$$I_2 = \left[2xy - \frac{2y^2}{2} \right]_0^1$$

$$I_2 = 2x - 1$$

3. Lado CD: Para o lado CD o vetor normal $\vec{n}$, é igual a $+1$ e o diferencial de integração é dx, dessa forma:

$$I_3 = \int_0^1 (2x - 2y) \times (+1)dx$$

$$I_3 = \int_0^1 (2x - 2y)dx$$

$$I_3 = \left[\frac{2x^2}{2} - 2xy \right]_0^1$$

$$I_3 = 1 - 2y$$

4. Lado DA: Para o lado DA o vetor normal $\vec{n}$, é igual a -1 e o diferencial de integração é dy, dessa forma:

$$I_3 = \int_0^1 (2x - 2y) \times (-1)dy$$

$$I_3 = \int_0^1 (-2x + 2y)dy$$

$$I_3 = \left[-2xy + \frac{2y^2}{2} \right]_0^1$$

$$I_3 = -2x + 1$$

A soma total das integrais são dadas por:

$$I = I_1 + I_2 + I_3 + I_4$$

$$I = -1 + 2y + 2x - 1 + 1 - 2y - 2x + 1$$

$$I = 0$$

Exemplo 3. Desenvolva o exemplo 1 utilizando o segundo teorema de Gauss-Green.

Para o problema é necessário considerar o sentido do vetor normal $\vec{n}$ nos quatro lados do cubo unitário. O lado direito da Eq. (5.27) é dado por:

$$I = \int_\Gamma \left(v\frac{\partial u}{\partial n} - u\frac{\partial v}{\partial n} \right) d\Gamma$$

ou,

$$I = \int_\Gamma \left(v\nabla u.n - u\nabla v.n \right) d\Gamma$$

Da equação que descreve o exemplo 1, tem-se:

$$I = \int_\Gamma \left[v\left(\frac{\partial u}{\partial x} + \frac{\partial u}{\partial y} \right)\vec{n} - u\left(\frac{\partial v}{\partial x} + \frac{\partial v}{\partial y} \right)\vec{n} \right] d\Gamma$$

Chamando,

$$u = 2x$$

e,

$$v = 2y$$

Substituindo u e v na integral I, obtém-se:

$$I = \int_\Gamma \left\{ 2y \left[\frac{\partial(2x)}{\partial x} + \frac{\partial(2x)}{\partial y} \right] \vec{n} - 2x \left[\frac{\partial(2y)}{\partial x} + \frac{\partial(2y)}{\partial y} \right] \vec{n} \right\} d\Gamma$$

$$I = \int_\Gamma \left[2y(2+0)\vec{n} - 2x(0+2)\vec{n} \right] d\Gamma$$

$$I = \int_\Gamma (4y - 4x)\vec{n}d\Gamma$$

Novamente, a integração será dividida em partes AB, BC, CD e DA, e levando-se em consideração o sentindo do vetor normal $\vec{n}$ ao contorno Γ, ou seja:

1. Lado AB: Para o lado AB o vetor normal $\vec{n}$, é igual a -1 e o diferencial de integração é dx, dessa forma:

$$I_1 = \int_0^1 (4y - 4x) \times (-1)dx$$

$$I_1 = \int_0^1 (-4y + 4x)dx$$

$$I_1 = \left[-4xy + \frac{4x^2}{2} \right]_0^1$$

$$I_1 = \left[-4xy + 2x^2 \right]_0^1$$

$$I_1 = -4y + 2$$

2. Lado BC: Para o lado BC o vetor normal $\vec{n}$, é igual a $+1$ e o diferencial de integração é dy, dessa forma:

$$I_2 = \int_0^1 (4y - 4x) \times (+1)dy$$

$$I_2 = \int_0^1 (4y - 4x)dy$$

$$I_2 = \left[\frac{4y^2}{2} - 4xy \right]_0^1$$

$$I_2 = \left[2y^2 - 4xy \right]_0^1$$

$$I_2 = 2 - 4x$$

3. Lado CD: Para o lado CD o vetor normal $\vec{n}$, é igual a $+1$ e o diferencial de integração é dx, dessa forma:

$$I_3 = \int_0^1 (4y - 4x) \times (+1)dx$$

$$I_3 = \int_0^1 (4y - 4x)dx$$

$$I_3 = \left[4xy - \frac{4x^2}{2}\right]_0^1$$

$$I_3 = \left[4xy - 2x^2\right]_0^1$$

$$I_3 = 4y - 2$$

4. Lado DA: Para o lado DA o vetor normal $\vec{n}$, é igual a -1 e o diferencial de integração é dy, dessa forma:

$$I_4 = \int_0^1 (4y - 4x) \times (-1)dy$$

$$I_4 = \int_0^1 (-4y + 4x)dy$$

$$I_4 = \left[-\frac{4y^2}{2} + 4xy\right]_0^1$$

$$I_4 = \left[-2y^2 + 4xy\right]_0^1$$

$$I_4 = -2 + 4x$$

A soma total das integrais são dadas por:

$$I = I_1 + I_2 + I_3 + I_4$$

$$I = -4y + 2 + 2 - 4x + 4y - 2 - 2 + 4x$$

$$I = 0$$

Capítulo 6

Delta de Dirac

Neste capítulo é apresentada a função delta de Dirac para representar cargas concentradas.

6.1   Delta de Dirac

A função delta de Dirac, também chamada de função δ, apresenta-se distribuída na reta real da seguinte forma:

1. Nos valores diferentes de zero a função é nula;

2. No valor zero a função tende para o infinito.

Pode-se fazer analogia ao delta de Dirac, um retângulo infinitamente alto e estreito, e área igual a unidade. A função delta de

Dirac não pode ser considerada uma função, pois uma função que vale zero em todos seus pontos, com exceção de um ponto, sua integral é nula em todo domínio (ver Fig. 6.1). De outro modo, quando uma integral apresenta sentido matemático ela pode ser encarada como uma função.

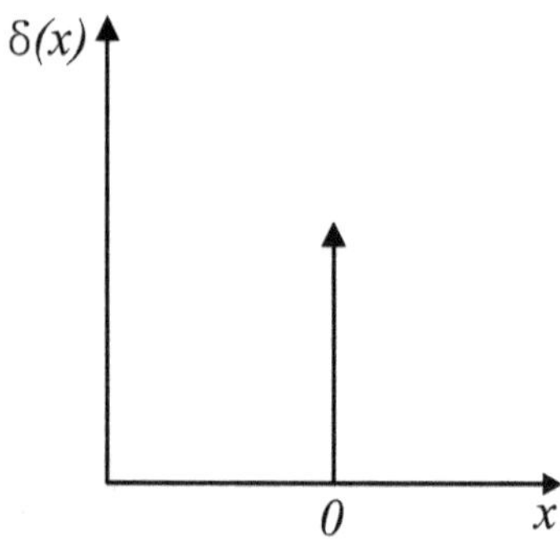

Figura 6.1: Representação da função delta de Dirac.

Muitos problemas exigem cargas concentradas por um curto intervalo de tempo, por exemplo:

1. Sistema massa mola atingido por uma força;

2. O chute em uma bola quando estacionária;

3. Um raio atingindo um avião.

Para representar uma força concentrada utiliza-se o delta de Dirac que pode ser expresso por:

$$\delta(x - d) = \lim_{a \to 0} f(x, d, a) \qquad (6.1)$$

Propriedades do delta de Dirac:

$$\delta(t - a) = 0, \qquad t \neq a \qquad (6.2)$$

$$\int_{-\infty}^{+\infty} \delta(x - d)dx = 1 \qquad (6.3)$$

$$\int_{-\infty}^{+\infty} f(x)\delta(x - a)dx = f(a) \qquad (6.4)$$

Exemplo 1. Avalie a expressão abaixo:

$$\int x^2 \delta(x - 5)dx$$

Da Eq. (6.4), obtém-se:

$$x = 5$$

e,

$$f(x) = x^2$$

$$f(x = 5) = 25$$

Exemplo 2. Avalie a expressão abaixo:

$$\int \frac{sen(x)}{x^2}\delta(x - 1)dx$$

Da Eq. (6.4), obtém-se:

$$x = 1$$

e,

$$f(x) = \frac{sen(x)}{x^2}$$

$$f(x = 1) = sen(1)$$

Exemplo 3. Avalie a expressão abaixo:

$$\int (x - 2)^3 e^{x/2}\delta(x - 4)dx$$

Da Eq. (6.4), obtém-se:

$$x = 4$$

e,

$$f(x) = (x - 2)^3 e^{x/2}$$

$$f(x = 4) = (4 - 2)^3 e^{4/2}$$

$$f(x = 4) = 8e^2$$

Capítulo 7

Integração Numérica

Neste capítulo é apresentada a quadratura de Gauss através da interpolação de funções polinomiais para o desenvolvimento de integrais numéricas.

7.1   Quadratura de Gauss

Em geral, nem toda integral pode ser resolvida analiticamente, dessa forma, é necessário utilizar um método para integração numérica. A quadratura de Gauss é uma técnica bastante eficiente para polinômios. Por exemplo, para algumas soluções fundamentais presentes na formulação do método dos elementos de contorno (MEC) é possível utilizar a quadratura de Gauss. Considere a integral:

$$I = \int_{x_1}^{x_2} f(x)dx \tag{7.1}$$

A quadratura de Gauss é obtida através da mudança nos limites de integração da Eq. (7.1), ou seja:

$$x_1 = -1$$

e

$$x_2 = +1$$

A coordenada x é reescrita em função de ξ, ou seja:

$$x = a\xi + b \tag{7.2}$$

Os valores de a e b podem ser encontrados através das seguintes condições:

$$x(\xi = -1) = x_1$$

e

$$x(\xi = +1) = x_2$$

Substituindo as condições acima na Eq. (7.2), obtém-se os valores de a e b, respectivamente:

$$a = \frac{x_2 - x_1}{2}$$

e,

$$b = \frac{x_1 + x_2}{2}$$

Substituindo a e b na Eq. (7.2), obtém-se:

$$x = \left(\frac{x_2 - x_1}{2}\right)\xi + \left(\frac{x_1 + x_2}{2}\right) \tag{7.3}$$

Derivando a Eq. (7.3), obtém-se:

$$\frac{dx}{d\xi} = \frac{x_2 - x_1}{2} \tag{7.4}$$

A Eq. (7.1) é reescrita como:

$$I = \int_{-1}^{+1} f(\xi)\frac{dx}{d\xi}d\xi \tag{7.5}$$

Substituindo a Eq. (7.4) na Eq. (7.5), obtém-se:

$$I = \int_{-1}^{+1} f(\xi)\left(\frac{x_2 - x_1}{2}\right)d\xi \tag{7.6}$$

O termo entre parênteses da Eq. (7.6) é chamado de Jacobino (J), ou seja:

$$J = \left(\frac{x_2 - x_1}{2}\right) \tag{7.7}$$

Substituindo a Eq. (7.7) na Eq. (7.6), obtém-se:

$$I = \int_{-1}^{+1} f(\xi)J d\xi \tag{7.8}$$

Os pontos e os pesos de Gauss podem ser obtidos através de uma função polinomial no intervalo de integração de $[-1, +1]$, ou seja:

$$I = \int_{-1}^{+1} f(x)dx \tag{7.9}$$

e,

$$f(x) = a_0 + a_1 x + a_2 x^2 + a_3 x^3 \tag{7.10}$$

Substituindo a Eq. (7.10) na Eq. (7.9), obtém-se:

$$I = \int_{-1}^{1} (a_0 + a_1 x + a_2 x^2 + a_3 x^3)dx$$

$$I = 2 \times a_0 + c_1 \times 0 + c_2 \times \frac{2}{3} + c_3 \times 0$$

Considere que para a função $f(x)$ foram atribuídos os pontos ξ_i e pesos w_i, ou seja:

$$J = w_1 f(\xi_1) + w_2 f(\xi_2) \tag{7.11}$$

Substituindo a Eq. (7.10) na Eq. (7.11), obtém-se:

$$J = w_1 \times (a_0 + a_1 \xi_1 + a_2 \xi_1^2 + a_3 \xi_1^3) + w_2 \times (a_0 + a_1 \xi_2 + a_2 \xi_2^2 + a_3 \xi_2^3)$$

$$J = (w_1 + w_2) \times a_0 + (w_1 \xi_1 + w_2 \xi_2) \times a_1 + (w_1 \xi_1^2 + w_2 \xi_2^2) \times a_2$$
$$+ (w_1 \xi_1^3 + w_2 \xi_2^3) \times a_3$$

Igualando as integrais I e J, obtém-se o seguinte sistema:

$$\begin{cases} w_1 & + & w_2 & = & 2 \\ w_1\xi_1 & + & w_2\xi_2 & = & 0 \\ w_1\xi_1^2 & + & w_2\xi_2^2 & = & 2/3 \\ w_1\xi_1^3 & + & w_2\xi_2^3 & = & 0 \end{cases}$$

Através da resolução do sistema acima, obtém-se:

$$w_1 = 1$$

$$w_2 = 1$$

$$\xi_1 = -0,577.350.2692$$

$$\xi_2 = +0,577.350.2692$$

A relação entre o número de pontos de Gauss e o grau do polinômio
é dada por:

$$n_{PG} = \frac{pol + 1}{2}$$

A tabela abaixo apresenta os pontos (ξ) e pesos de Gauss (w_i).

n	ξ	w_i
1	0	2
2	$\pm 0,577.350.2692$	1
3	$\pm 0,774.596.6692$	$0,555.555.5556$
	0	$0,888.888.8889$
4	$\pm 0,861.136.3116$	$0,347.854.8451$
	$\pm 0,339.981.0436$	$0,652.145.1549$
	$\pm 0,906.179.8459$	$0,236.926.8851$
5	$\pm 0,538.469.3101$	$0,478.628.6705$
	0	$0,568.888.8889$
	$\pm 0,932.469.5142$	$0,171.324.4924$
6	$\pm 0,661.209.3865$	$0,360.761.5730$
	$\pm 0,238.619.1861$	$0,467.913.9346$

ou seja, a Eq. (7.8) é reescrita como:

$$I = \sum_{i=1}^{n} f(\xi_i) J w_i \tag{7.12}$$

Exemplo 1. Calcule a integral de forma analítica e numérica (utilizar 3 pontos de integração):

$$I = \int_{-1}^{+1} x^2 dx$$

Solução analítica: A solução analítica é obtida por integração direta da integral:

$$I_{Exata} = \left.\frac{x^3}{3}\right|_{-1}^{+1}$$

$$I_{Exata} = \frac{1}{3} + \frac{1}{3}$$

$$I_{Exata} \approx \frac{2}{3} \approx 0,6666$$

Solução numérica: A solução numérica é obtida através da quadratura de Gauss. Substituindo os valores de $x_1 = -1$ e $x_2 = 1$ na Eq. (7.3), obtém-se:

$$x = \left[\frac{1 - (-1)}{2}\right] \xi + \left[\frac{(-1) + (1)}{2}\right]$$

$$x = \xi$$

Derivando a função x em relação a ξ, obtém-se:

$$\frac{dx}{d\xi} = \frac{x_2 - x_1}{2}$$

$$\frac{dx}{d\xi} = \frac{1 - (-1)}{2}$$

$$\frac{dx}{d\xi} = 1$$

ou,

$$J = 1$$

Substituindo os valores acima na Eq. (7.12), obtém-se:

$$I_{Num} = \sum_{i=1}^{n=3} f(\xi_i) J w_i$$

$$I_{Num} = \sum_{i=1}^{n=3} f(\xi_i)^2 \times J \times w_i$$

$$I_{Num} = (-0,774)^2 \times 1 \times 0,555 + 0^2 \times 1 \times 0,888+$$

$$+(0,774)^2 \times 1 \times 0,555$$

$$I_{Num} \approx 0,6649$$

Erro: O cálculo do erro é dado por:

$$Erro = \frac{|I_{Num} - I_{Exata}|}{I_{Exata}} \times 100\%$$

$$Erro = \frac{|0,6649 - 0,6666|}{0,6666} \times 100\%$$

$$Erro = 0,2550\%$$

Exemplo 2. Calcule a integral de forma analítica e numérica (utilizar 3 pontos de integração):

$$I = \int_{-1}^{+1} x^4 dx$$

Solução analítica: A solução analítica é obtida por integração direta da integral:

$$I_{Exata} = \left. \frac{x^5}{5} \right|_{-1}^{+1}$$

$$I_{Exata} = \frac{1}{5} + \frac{1}{5}$$

$$I_{Exata} = \frac{2}{5} \approx 0,4$$

Solução numérica: A solução numérica é obtida através da quadratura de Gauss. Substituindo os valores de $x_1 = -1$ e $x_2 = 1$ na Eq. (7.3), obtém-se:

$$x = \left[\frac{1 - (-1)}{2} \right] \xi + \left[\frac{(-1) + (1)}{2} \right]$$

$$x = \xi$$

Derivando a função x em relação a ξ, obtém-se:

$$\frac{dx}{d\xi} = \frac{x_2 - x_1}{2}$$

$$\frac{dx}{d\xi} = \frac{1 - (-1)}{2}$$

$$\frac{dx}{d\xi} = 1$$

ou,

$$J = 1$$

Substituindo os valores acima na Eq. (7.12), obtém-se:

$$I_{Num} = \sum_{i=1}^{n=3} f(\xi_i) J w_i$$

$$I_{Num} = \sum_{i=1}^{n=3} f(\xi_i)^4 \times J \times w_i$$

$$I_{Num} = (-0,774)^4 \times 1 \times 0,555 + 0^4 \times 1 \times 0,888+$$

$$+(0,774)^4 \times 1 \times 0,555$$

$$I_{Num} \approx 0,398$$

Erro: O cálculo do erro é dado por:

$$Erro = \frac{|I_{Num} - I_{Exata}|}{I_{Exata}} \times 100\%$$

$$Erro = \frac{|0,398 - 0,4|}{0,4} \times 100\%$$

$$Erro = 0,5\%$$

Exemplo 3. Calcule a integral de forma analítica e numérica (utilizar 3 pontos de integração):

$$I = \int_0^{\pi} sin(x)dx$$

Solução analítica: A solução analítica é obtida por integração direta da integral:

$$I_{Exata} = -cos(x)\Big|_0^{\pi}$$

$$I_{Exata} = -[cos(\pi) - cos(0)]$$

$$I_{Exata} = 2$$

Solução numérica: A solução numérica é obtida através da quadratura de Gauss. Substituindo os valores de $x_1 = 0$ e $x_2 = \pi$ na Eq. (7.3), obtém-se:

$$x = \left[\frac{\pi - 0}{2}\right]\xi + \left[\frac{\pi - 0}{2}\right]$$

$$x = \frac{\pi}{2}(\xi + 1)$$

Derivando a função x em relação a ξ, obtém-se:

$$\frac{dx}{d\xi} = \frac{\pi}{2}$$

ou,

$$J = \frac{\pi}{2}$$

Substituindo os valores acima na Eq. (7.12), obtém-se:

$$I_{Num} = \sum_{i=1}^{n=3} f(\xi_i) J w_i$$

$$I_{Num} = \sum_{i=1}^{n=3} sin\left[\frac{\pi}{2}(\xi + 1)\right] \times \frac{\pi}{2} \times w_i$$

$$I_{Num} = sin\left[\frac{\pi}{2}(-0,774 + 1)\right] \times \frac{\pi}{2} \times 0,555+$$

$$+sin\left[\frac{\pi}{2}(0 + 1)\right] \times \frac{\pi}{2} \times 0,888+$$

$$+sin\left[\frac{\pi}{2}(+0,774 + 1)\right] \times \frac{\pi}{2} \times 0,555$$

$$I_{Num} = 0,3474 \times \frac{\pi}{2} \times 0,555 + 0,9999 \times \frac{\pi}{2} \times 0,888+$$

$$+0,3489 \times \frac{\pi}{2} \times 0,555$$

$$I_{Num} = 2,0006$$

Erro: O cálculo do erro é dado por:

$$Erro = \frac{|I_{Num} - I_{Exata}|}{I_{Exata}} \times 100\%$$

$$Erro = \frac{|2,0006 - 2|}{2} \times 100\%$$

$$Erro = 0,03\%$$

Capítulo 8

Solução fundamental

Neste capítulo são apresentadas as soluções fundamentais para temperatura e fluxo de calor. As soluções fundamentais são a base para o desenvolvimento do método dos elementos de contorno, e são deduzidas a partir de uma carga unitária aplicada em um ponto qualquer do domínio.

8.1   Equação de Laplace

A Eq. (3.27) pode ser escrita na forma simplificada usando o operador Laplaciano, ou seja:

$$\nabla^2 T + \frac{\dot{q}}{k} = \frac{\rho c}{k}\frac{dT}{d\tau} \tag{8.1}$$

Para efeito de simplificação a Eq. (8.1) é reescrita e considera-se
que:

1. Não há geração de energia interna;

2. O regime é permanente ou constante.

Dessa forma, obtém-se uma simplificação da Eq. (8.1) e passa a
chamar-se equação de Laplace[1]:

$$\nabla^2 T = 0 \tag{8.2}$$

As funções que apresentam Laplacianos iguais a zero são chamadas
de funções harmônicas[2].

8.2 Desenvolvimento da solução fundamental

Considere que a fonte de geração de calor $\dot{q}$ da Eq. (8.1) é
concentrada em um ponto qualquer do domínio Ω, ou seja:

$$\nabla^2 T = -\frac{\delta(x - x_0)}{k} \tag{8.3}$$

---

[1]Ver mais detalhes no APÊNDICE D.

[2]Soluções não-triviais da equação de Laplace que apresentam derivadas
primeira e segunda contínuas.

ou,

$$\frac{\partial^2 T}{\partial x^2} + \frac{\partial^2 T}{\partial y^2} = -\frac{\delta(x - x_0)}{k} \tag{8.4}$$

A fonte de geração de calor $\dot{q}$ na Eq. (8.4) toma a forma da função delta de Dirac (ver Eq. 6.1). Uma solução para a Eq. (8.4) é proposta supondo que a origem do sistema de coordenadas está localizado no centro de um cilindro, ou seja, no ponto fonte ($x_0 = 0$, $y_0 = 0$). Além disso, é importante notar que na Eq. (8.4) o Laplaciano é zero em todos os pontos, com exceção na origem. Dessa forma, é necessário que a função apresente simetria em relação a origem, e o fluxo de calor (dT/dr) apresente comportamento similar a função $1/r$ para que o fluxo calor total seja igual a unidade. Dessa forma, uma solução aproximada para a Eq. (8.4) é dada por:

$$T^* = C \ln(r) \tag{8.5}$$

onde, C é uma constante e r é a distância entre o ponto fonte (x_0, y_0) e campo (x_c, y_c). O ponto fonte corresponde ao ponto que é aplicada a fonte de calor, e o segundo ponto corresponde ao ponto que se quer conhecer a temperatura ou fluxo de calor como mostra a Fig. (8.1).

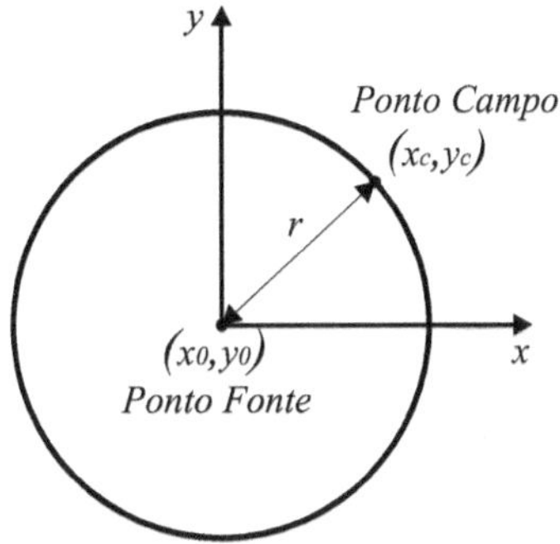

Figura 8.1: Distância entre dois pontos.

A distância entre os dois pontos é dada por:

$$r = \sqrt{(x_c - x_0)^2 + (y_c - y_0)^2} \qquad (8.6)$$

Para efeito de simplificação será considerado que $x = (x_c - x_0)$ e $y = (y_c - y_0)$, ou seja:

$$r = \sqrt{x^2 + y^2} \qquad (8.7)$$

A derivada da Eq. (8.5) em relação a x é dada por:

$$\frac{\partial T^*}{\partial x} = C \frac{\partial}{\partial r}(\ln r)\frac{\partial r}{\partial x} \qquad (8.8)$$

onde,

$$\frac{\partial}{\partial r}(\ln r) = \frac{1}{r} \qquad (8.9)$$

Fazendo a derivada de r em relação a x, obtém-se:

$$\frac{\partial r}{\partial x} = \frac{\partial}{\partial x}[(x^2 + y^2)^{1/2}] = \frac{1}{2}(x^2 + y^2)^{-1/2}(2x) \tag{8.10}$$

Simplificando a Eq. (8.10), obtém-se:

$$\frac{\partial r}{\partial x} = \frac{x}{(x^2 + y^2)^{1/2}} \tag{8.11}$$

ou,

$$\frac{\partial r}{\partial x} = \frac{x}{r} \tag{8.12}$$

Substituindo as Eq. (8.9) e (8.12) na Eq. (8.8), obtém-se:

$$\frac{\partial T^*}{\partial x} = C\frac{x}{r^2} \tag{8.13}$$

Fazendo a derivada da Eq. (8.13) em relação a x, obtém-se:

$$\frac{\partial^2 T}{\partial x^2} = \frac{\partial}{\partial x}\left(\frac{\partial T^*}{\partial x}\right) = \frac{\partial}{\partial x}\left(C\frac{x}{r^2}\right) \tag{8.14}$$

$$\frac{\partial^2 T}{\partial x^2} = \pi C\frac{\partial}{\partial x}\left(\frac{x}{x^2 + y^2}\right) = C\frac{\partial}{\partial x}[x(x^2 + y^2)^{-1}] \tag{8.15}$$

$$\frac{\partial^2 T}{\partial x^2} = C[(x^2 + y^2)^{-1} - 2x^2(x^2 + y^2)^{-2}] \tag{8.16}$$

Logo,

$$\frac{\partial^2 T}{\partial x^2} = C\left(\frac{1}{r^2} - 2\frac{x^2}{r^4}\right) \tag{8.17}$$

A derivada da Eq. (8.5) em relação a y é dada por:

$$\frac{\partial T^*}{\partial y} = C \frac{\partial}{\partial r}(\ln r)\frac{\partial r}{\partial y}$$

(8.18)

Fazendo as derivadas em relação a y:

$$\frac{\partial r}{\partial y} = \frac{\partial}{\partial x}[(x^2 + y^2)^{1/2}] = \frac{1}{2}(x^2 + y^2)^{-1/2}(2y)$$

(8.19)

$$\frac{\partial r}{\partial y} = \frac{y}{(x^2 + y^2)^{1/2}}$$

(8.20)

$$\frac{\partial r}{\partial y} = \frac{y}{r}$$

(8.21)

Substituindo as Eq. (8.9) e (8.21) na Eq. (8.18), obtém-se:

$$\frac{\partial T^*}{\partial y} = C\frac{y}{r^2}$$

(8.22)

Fazendo a derivada da Eq. (8.22) em relação a y, obtém-se:

$$\frac{\partial^2 T}{\partial y^2} = \frac{\partial}{\partial y}\left(\frac{\partial T^*}{\partial y}\right) = \frac{\partial}{\partial y}\left(C\frac{y}{r^2}\right)$$

(8.23)

$$\frac{\partial^2 T}{\partial y^2} = C\frac{\partial}{\partial y}\left(\frac{y}{x^2 + y^2}\right) = \pi C\frac{\partial}{\partial y}[y(x^2 + y^2)^{-1}]$$

(8.24)

$$\frac{\partial^2 T}{\partial y^2} = C[(x^2 + y^2)^{-1} - 2y^2(x^2 + y^2)^{-2}]$$

(8.25)

Logo,

$$\frac{\partial^2 T}{\partial y^2} = C\left(\frac{1}{r^2} - 2\frac{y^2}{r^4}\right) \tag{8.26}$$

Substituindo as Eq. (8.17) e (8.26) na Eq. (8.4), obtém-se:

$$C\left(\frac{1}{r^2} - 2\frac{x^2}{r^4}\right) + C\left(\frac{1}{r^2} - 2\frac{y^2}{r^4}\right) = -\frac{\delta(x_c - x_0)}{k} \tag{8.27}$$

$$2C\left[\frac{1}{r^2} - \frac{(x^2 + y^2)}{r^4}\right] = -\frac{\delta(x_c - x_0)}{k} \tag{8.28}$$

Sabendo que o ponto fonte tem coordenadas $x_0 = 0$ e $y_0 = 0$, e o termo entre parenteses é igual ao delta de Dirac, ou seja:

$$2C\left[\frac{1}{r^2} - \frac{(x^2 + y^2)}{r^4}\right] = -\frac{\delta(x_c - x_0)}{k} \tag{8.29}$$

ou,

$$2C\left(\frac{1}{r^2} - \frac{1}{r^2}\right) = -\frac{\delta(x_c - x_0)}{k} \tag{8.30}$$

A Eq. (8.30) atende o requisito da Eq. (8.2), e torna-se zero em todos os pontos do domínio (exceto na origem). O lado esquerdo da Eq. (8.30) pode ser substituído pela função delta de Dirac (ver Eq. 6.3), ou seja:

$$2C\delta(x_c - x_0) = -\frac{\delta(x_c - x_0)}{k}$$

Dessa forma, a constante C é dada por:

$$C = -\frac{1}{2k} \qquad (8.31)$$

Substituindo a Eq. (8.31) na Eq. (8.5), obtém-se:

$$T^* = -\frac{1}{2k}\ln(r) \qquad (8.32)$$

A Eq. (8.32) não representa a solução fundamental da temperatura como será mostrado a seguir.

Considere que a fonte de energia que atua no cilindro da Fig. (8.2) é representada por uma função unitária do delta de Dirac, ou seja:

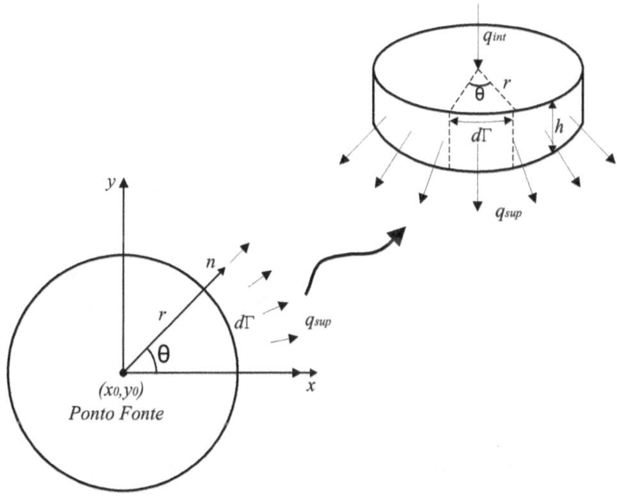

Figura 8.2: Fonte de calor em cilindro.

$$dq_{int} = \dot{q}d\Omega \qquad (8.33)$$

ou,

$$q_{int} = \int_{\Omega} \dot{q}d\Omega = \int_{\Omega} \delta(x_c - x_0)d\Omega = 1 \qquad (8.34)$$

A energia liberada pela superfície do cilindro é dada por:

$$dq_{sup} = \dot{q}dA \qquad (8.35)$$

Integrando a Eq. (8.35) ao longo da superfície, obtém-se:

$$q_{sup} = \int_{A} \dot{q}dA \qquad (8.36)$$

Modificando o diferencial da Eq. (3.3) e substituindo na Eq. (8.36), obtém-se:

$$q_{sup} = \int_{A} \left(-k\frac{dT^*}{dr} \right) dA \qquad (8.37)$$

Na Fig. (8.2) a superfície do cilindro é dada por:

$$dA = d\Gamma \times h \qquad (8.38)$$

e $d\Gamma$ corresponde ao arco formado na superfície, ou seja:

$$d\Gamma = rd\theta \qquad (8.39)$$

Substituindo as Eq. (8.38) e (8.39) na Eq. (8.37), obtém-se:

$$q_{sup} = -k \int_{0}^{2\pi} \left(\frac{dT^*}{dr} \right) hrd\theta \qquad (8.40)$$

Derivando a Eq. (8.5) e substituindo na Eq. (8.40), obtém-se:

$$q_{sup} = -khC \int_0^{2\pi} r^{-1} r d\theta \qquad (8.41)$$

$$q_{sup} = -khC2\pi \qquad (8.42)$$

Pelo princípio de conservação da energia, tem-se:

$$q_{int} = q_{sup} \qquad (8.43)$$

Substituindo as Eq. (8.34) e (8.42) na Eq. (8.43), obtém-se:

$$1 = -khC2\pi \qquad (8.44)$$

ou,

$$C = -\frac{1}{2\pi kh} \qquad (8.45)$$

Substituindo a constante C da Eq. (8.45) na Eq. (8.5), obtém-se:

$$T^* = -\frac{1}{2\pi kh} \ln r \qquad (8.46)$$

Em problemas no plano o valor de h pode ser considerado igual a 1, ou seja:

$$T^* = -\frac{1}{2\pi k} \ln r \qquad (8.47)$$

Pode-se notar que a Eq. (8.32) é corrigida pela constante π na Eq. (8.47). A solução fundamental para o fluxo de calor q^* é obtida através da Eq. (3.4) na direção normal, ou seja:

$$q^* = q_n = -k\nabla T^* \vec{n} \tag{8.48}$$

$$q^* = -k\left(\frac{\partial T^*}{\partial x_0}n_x + \frac{\partial T^*}{\partial y_0}n_y\right) \tag{8.49}$$

As derivadas da Eq. (8.47) em relação a x_0 e y_0, são respectivamente iguais a:

$$\frac{\partial T^*}{\partial x_0} = -\frac{1}{2\pi k}\frac{r'}{r} \tag{8.50}$$

$$\frac{\partial T^*}{\partial x_0} = -\frac{(x_c - x_0)}{2\pi k r^2} \tag{8.51}$$

e,

$$\frac{\partial T^*}{\partial y_0} = -\frac{1}{2\pi k}\frac{r'}{r} \tag{8.52}$$

$$\frac{\partial T^*}{\partial y_0} = -\frac{(y_c - y_0)}{2\pi k r^2} \tag{8.53}$$

Substituindo as derivadas acima na solução fundamental de fluxo, obtém-se:

$$q^* = \frac{1}{2\pi r^2}\Big[(x_c - x_0)n_x + (y_c - y_0)n_y\Big] \tag{8.54}$$

ou,

$$q^* = \frac{1}{2\pi r^2} \left(r_x n_x + r_y n_y \right) \tag{8.55}$$

onde,

$$n_x = \frac{r_x}{L} \tag{8.56}$$

e,

$$n_y = \frac{r_y}{L} \tag{8.57}$$

A representação gráfica das Eq. (8.47) e (8.54) são mostradas nas Fig. (8.3) e (8.4):

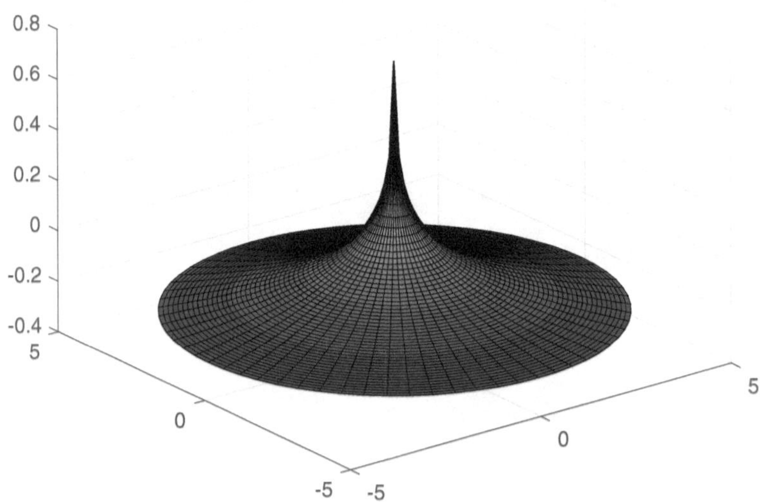

Figura 8.3: Solução fundamental de temperatura T^*.

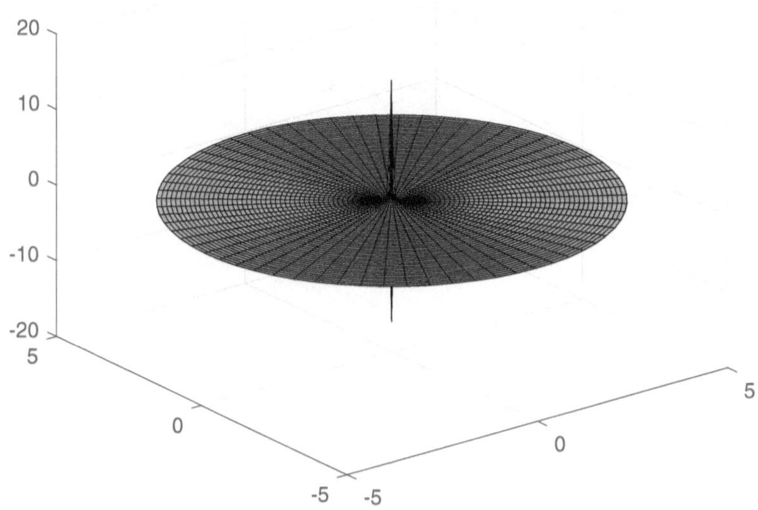

Figura 8.4: Solução fundamental de fluxo q^*.

Capítulo 9

Equação integral de contorno

Neste capítulo é apresentada a equação integral de contorno obtida através do método dos resíduos ponderados a partir da equação de calor.

9.1 Resíduos ponderados

A equação integral de contorno é desenvolvida a partir das Eq. (2.5) e (3.26). Considerando que o regime é permanente, a derivada da temperatura em relação ao tempo torna-se zero. Dessa forma, obtém-se:

$$\frac{\partial^2 T}{\partial x^2} + \frac{\partial^2 T}{\partial y^2} + \frac{\dot{q}}{k} = 0 \qquad (9.1)$$

ou,

$$\nabla^2 T = -\frac{\dot{q}}{k} \qquad (9.2)$$

Transformando a Eq. (9.1) em resíduo, e multiplicando por uma função peso w, obtém-se:

$$\int_A \left(\frac{\partial^2 T}{\partial x^2} + \frac{\partial^2 T}{\partial y^2} + \frac{\dot{q}}{k} \right) \times w \, dA = 0 \qquad (9.3)$$

Separando as integrais e abrindo os integrandos de dA, obtém-se:

$$\int_{y_1}^{y_2} \left(\int_{x_1}^{x_2} \frac{\partial^2 T}{\partial x^2} w \, dx \right) dy + \int_{y_1}^{y_2} \left(\int_{x_1}^{x_2} \frac{\partial^2 T}{\partial y^2} w \, dx \right) dy +$$
$$+ \int_{y_1}^{y_2} \left(\int_{x_1}^{x_2} \frac{\dot{q}}{k} w \, dx \right) dy = 0 \qquad (9.4)$$

As integrais da Eq. (9.4) são resolvidas de forma individual, e utilizando a técnica de integração por partes. Como a derivada da função T é de segunda ordem, a integração por partes toma a seguinte forma para x e y, respectivamente:

$$\int u \frac{\partial v}{\partial x} dx = u.v - \int v \frac{\partial u}{\partial x} dx \qquad (9.5)$$

$$\int u\frac{\partial v}{\partial y}dy = u.v - \int v\frac{\partial u}{\partial y}dy \qquad (9.6)$$

O primeiro termo do lado esquerdo da Eq. (9.4) pode ser substituído por uma integração por partes, ou seja:

$$u = w \longrightarrow \frac{\partial u}{\partial x} = \frac{\partial w}{\partial x}$$

$$dv = \frac{\partial^2 T}{\partial x^2}dx \longrightarrow dv = \frac{\partial}{\partial x}\left(\frac{\partial T}{\partial x}\right)dx$$

O termo dT/dx será substituído por z, ou seja:

$$z = \frac{\partial T}{\partial x}$$

Logo,

$$dv = \frac{\partial z}{\partial x}dx \longrightarrow \int dv = \int dz \longrightarrow v = z$$

e,

$$v = \frac{\partial T}{\partial x}$$

Substituindo os termos de u e v na Eq. (9.5), obtém-se:

$$\int_{x_1}^{x_2} \frac{\partial^2 T}{\partial x^2}wdx = w\frac{\partial T}{\partial x}\bigg|_{x_1}^{x_2} - \int_{x_1}^{x_2} \frac{\partial T}{\partial x}\frac{\partial w}{\partial x}dx \qquad (9.7)$$

$$\int_{x_1}^{x_2} \frac{\partial^2 T}{\partial x^2} w\,dx = w(x_2)\frac{\partial T(x_2)}{\partial x} - w(x_1)\frac{\partial T(x_1)}{\partial x} - \int_{x_1}^{x_2} \frac{\partial T}{\partial x}\frac{\partial w}{\partial x}\,dx$$

$$\text{(9.8)}$$

Reescrevendo a Eq. (9.8) dentro dos limites de integração de y, ou seja:

$$\int_{y_1}^{y_2}\left[\int_{x_1}^{x_2}\frac{\partial^2 T}{\partial x^2}w\,dx\right]dy = \int_{y_1}^{y_2}\left[w(x_2)\frac{\partial T(x_2)}{\partial x} - \right.$$
$$\left. -w(x_1)\frac{\partial T(x_1)}{\partial x} - \int_{y_1}^{y_2}\int_{x_1}^{x_2}\frac{\partial T}{\partial x}\frac{\partial w}{\partial x}\,dx\right]dy \qquad \text{(9.9)}$$

$$\int_{y_1}^{y_2}\left[\int_{x_1}^{x_2}\frac{\partial^2 T}{\partial x^2}w\,dx\right]dy = \int_{y_1}^{y_2}w(x_2)\frac{\partial T(x_2)}{\partial x}\,dy -$$
$$-\int_{y_1}^{y_2}w(x_1)\frac{dT(x_1)}{\partial x}\,dy - \int_{y_1}^{y_2}\int_{x_1}^{x_2}\frac{\partial T}{\partial x}\frac{\partial w}{\partial x}\,dxdy \qquad \text{(9.10)}$$

Substituindo a Eq. (5.7) na Eq. (9.10), obtém-se:

$$\int_{y_1}^{y_2}\left[\int_{x_1}^{x_2}\frac{\partial^2 T}{\partial x^2}w\,dx\right]dy = \int_{y_1}^{y_2}w(x_2)\frac{\partial T(x_2)}{\partial x}\vec{n}_x d\Gamma -$$
$$-\int_{y_1}^{y_2}w(x_1)\frac{\partial T(x_1)}{\partial x}\vec{n}_x d\Gamma - \int_{y_1}^{y_2}\int_{x_1}^{x_2}\frac{\partial T}{\partial x}\frac{\partial w}{\partial x}\,dxdy \qquad \text{(9.11)}$$

O sinal $-$ corresponde a mudança dos limites de integração ao longo do contorno Γ, ou seja:

$$\int_{y_1}^{y_2}\left[\int_{x_1}^{x_2}\frac{d^2 T}{dx^2}w\,dx\right]dy = \int_{\Gamma_1}w(x_2)\frac{dT(x_2)}{dx}\vec{n}_x d\Gamma +$$
$$+\int_{\Gamma_2}w(x_1)\frac{dT(x_1)}{dx}\vec{n}_x d\Gamma - \int_{y_1}^{y_2}\int_{x_1}^{x_2}\frac{dT}{dx}\frac{dw}{dx}\,dxdy \qquad \text{(9.12)}$$

A Eq. (9.12) pode ser reescrita como:

$$\int_{y_1}^{y_2}\left[\int_{x_1}^{x_2}\frac{\partial^2 T}{\partial x^2}w\,dx\right]dy = \int_{\Gamma}w(x)\frac{\partial T(x)}{\partial x}\vec{n}_x d\Gamma -$$

$$\int_{y_1}^{y_2}\int_{x_1}^{x_2}\frac{\partial T}{\partial x}\frac{\partial w}{\partial x}dx\,dy \qquad (9.13)$$

O segundo termo do lado esquerdo da Eq. (9.4) pode ser substituído por uma integração por partes, ou seja:

$$u = w \longrightarrow \frac{\partial u}{\partial y} = \frac{\partial w}{\partial y}$$

$$dv = \frac{\partial^2 T}{\partial y^2}dy \longrightarrow dv = \frac{\partial}{\partial y}\left(\frac{\partial T}{\partial y}\right)dy$$

O termo dT/dx será substituído por z, ou seja:

$$z = \frac{\partial T}{\partial y}$$

Logo,

$$dv = \frac{\partial z}{\partial x}dx \longrightarrow \int dv = \int dz \longrightarrow v = z$$

e,

$$v = \frac{\partial T}{\partial y}$$

Substituindo os termos de u e v na Eq. (9.6), obtém-se:

$$\int_{y_1}^{y_2}\frac{\partial^2 T}{\partial y^2}w\,dy = w\frac{\partial T}{\partial y}\bigg|_{y_1}^{y_2} - \int_{y_1}^{y_2}\frac{\partial T}{\partial y}\frac{\partial w}{\partial y}dy \qquad (9.14)$$

$$\int_{y_1}^{y_2} \frac{\partial^2 T}{\partial y^2} w\, dy = w(y_2)\frac{\partial T(y_2)}{\partial y} - w(y_1)\frac{\partial T(y_1)}{\partial y} - \int_{y_1}^{y_2} \frac{\partial T}{\partial y}\frac{\partial w}{\partial y}dy$$

$$(9.15)$$

Reescrevendo a Eq. (9.15) dentro dos limites de integração de x, obtém-se:

$$\int_{x_1}^{x_2}\left[\int_{y_1}^{y_2} \frac{\partial^2 T}{\partial y^2} w\, dy\right]dx = \int_{x_1}^{x_2}\left[w(y_2)\frac{\partial T(y_2)}{\partial y} - \right.$$
$$\left. -w(y_1)\frac{\partial T(y_1)}{\partial y} - \int_{x_1}^{x_2}\int_{y_1}^{y_2}\frac{\partial T}{\partial y}\frac{\partial w}{\partial y}dy\right]dx \qquad (9.16)$$

$$\int_{x_1}^{x_2}\left[\int_{y_1}^{y_2} \frac{\partial^2 T}{\partial y^2} w\, dy\right]dx = \int_{x_1}^{x_2} w(y_2)\frac{\partial T(y_2)}{\partial y}dx -$$
$$-\int_{x_1}^{x_2} w(y_1)\frac{\partial T(y_1)}{\partial y}dx - \int_{x_1}^{x_2}\int_{y_1}^{y_2}\frac{\partial T}{\partial y}\frac{\partial w}{\partial y}dy dx \qquad (9.17)$$

Substituindo a Eq. (5.8) na Eq. (9.17), obtém-se:

$$\int_{x_1}^{x_2}\left[\int_{y_1}^{y_2} \frac{\partial^2 T}{\partial y^2} w\, dy\right]dx = -\int_{x_1}^{x_2} w(y_2)\frac{\partial T(y_2)}{\partial y}\vec{n}_y d\Gamma +$$
$$+\int_{x_1}^{x_2} w(y_1)\frac{\partial T(x_1)}{\partial y}\vec{n}_y d\Gamma - \int_{x_1}^{x_2}\int_{y_1}^{y_2}\frac{\partial T}{\partial y}\frac{\partial w}{\partial y}dy dx \qquad (9.18)$$

O sinal $-$ corresponde a mudança dos limites de integração ao longo do contorno Γ, ou seja:

$$\int_{x_1}^{x_2}\left[\int_{y_1}^{y_2} \frac{d^2 T}{dy^2} w\, dy\right]dx = \int_{x_1}^{x_2} w(y_2)\frac{dT(y_2)}{dy}\vec{n}_y d\Gamma +$$
$$+\int_{x_1}^{x_2} w(y_1)\frac{dT(x_1)}{dy}\vec{n}_y d\Gamma - \int_{x_1}^{x_2}\int_{y_1}^{y_2}\frac{dT}{dy}\frac{dw}{dy}dy dx \qquad (9.19)$$

A Eq. (9.19) pode ser reescrita como:

$$\int_{x_1}^{x_2}\left[\int_{y_1}^{y_2}\frac{\partial^2 T}{\partial y^2}wdy\right]dx = \int_{\Gamma}w(y)\frac{\partial T(y)}{\partial y}\vec{n}_y d\Gamma - \int_{x_1}^{x_2}\int_{y_1}^{y_2}\frac{\partial T}{\partial y}\frac{\partial w}{\partial y}dydx$$

$$(9.20)$$

Somando as Eq. (9.13) e (9.20), obtém-se:

$$\int_{y_1}^{y_2}\int_{x_1}^{x_2}\left(\frac{\partial^2 T}{\partial x^2}+\frac{\partial^2 T}{\partial y^2}\right)wdxdy = \int_{\Gamma}\left(\frac{\partial T}{\partial x}n_x+\right.$$

$$\left.+\frac{\partial T}{\partial y}n_y\right)wd\Gamma - \int_{y_1}^{y_2}\int_{x_1}^{x_2}\left(\frac{\partial T}{\partial x}\frac{\partial w}{\partial x}+\frac{\partial T}{\partial y}\frac{\partial w}{\partial y}\right)dxdy \quad (9.21)$$

O primeiro termo do lado direito da Eq. (9.21) pode ser escrito na forma de derivada direcional, ou seja:

$$\nabla T.\vec{n} = \frac{\partial T}{\partial n}$$

$$(9.22)$$

Substituindo a Eq. (9.22) na Eq. (9.21), obtém-se:

$$\int_{y_1}^{y_2}\int_{x_1}^{x_2}\left(\frac{\partial^2 T}{\partial x^2}+\frac{\partial^2 T}{\partial y^2}\right)wdxdy = \int_{\Gamma}w\frac{\partial T}{\partial n}d\Gamma -$$

$$-\int_{y_1}^{y_2}\int_{x_1}^{x_2}\left(\frac{\partial T}{\partial x}\frac{\partial w}{\partial x}\right)dxdy - \int_{y_1}^{y_2}\int_{x_1}^{x_2}\left(\frac{\partial T}{\partial y}\frac{\partial w}{\partial y}\right)dxdy \quad (9.23)$$

O segundo termo do lado direito da Eq. (9.23) pode ser escrito como:

$$\int_{x_1}^{x_2}\frac{\partial T}{\partial x}\frac{\partial w}{\partial x}dx = uv - \int v\frac{\partial u}{\partial x}dx$$

$$(9.24)$$

Fazendo as substituições necessárias e integrando por partes:

$$u = \frac{\partial w}{\partial x} \longrightarrow \frac{\partial u}{\partial x} = \frac{\partial^2 w}{\partial x^2}$$

$$\frac{\partial v}{\partial x}dx = \frac{\partial T}{\partial x}dx \longrightarrow \int \frac{\partial v}{\partial x}dx = \int \frac{\partial T}{\partial x}dx \longrightarrow v = T$$

Substituindo os termos de u e v na Eq. (9.24), obtém-se:

$$\int_{x_1}^{x_2} \frac{\partial T}{\partial x}\frac{\partial w}{\partial x}dx = T\frac{\partial w}{\partial x}\bigg|_{x_1}^{x_2} - \int_{x_1}^{x_2} T\frac{\partial^2 w}{\partial x^2}dx \qquad (9.25)$$

$$\int_{x_1}^{x_2} \frac{\partial T}{\partial x}\frac{\partial w}{\partial x}dx = T(x_2)\frac{\partial w(x_2)}{\partial x} - T(x_1)\frac{\partial w(x_1)}{\partial x} - \int_{x_1}^{x_2} T\frac{\partial^2 w}{\partial x^2}dx$$

$$(9.26)$$

Reescrevendo a Eq. (9.26) dentro dos limites de integração de y, obtém-se:

$$\int_{y_1}^{y_2}\left[\int_{x_1}^{x_2} \frac{\partial T}{\partial x}\frac{\partial w}{\partial x}dx\right]dy = \int_{y_1}^{y_2} T(x_2)\frac{\partial w(x_2)}{\partial x}dy - $$
$$- \int_{y_1}^{y_2} T(x_1)\frac{\partial w(x_1)}{\partial x}dy - \int_{y_1}^{y_2}\int_{x_1}^{x_2} T\frac{\partial^2 w}{\partial x^2}dxdy \qquad (9.27)$$

Substituindo a Eq. (5.8) na Eq. (9.27), obtém-se:

$$\int_{y_1}^{y_2}\left[\int_{x_1}^{x_2} \frac{\partial T}{\partial x}\frac{\partial w}{\partial x}dx\right] = \int_{y_1}^{y_2} T(x_2)\frac{\partial w(x_2)}{\partial x}\vec{n}_x d\Gamma - $$
$$- \int_{y_1}^{y_2} T(x_1)\frac{\partial w(x_1)}{\partial x}\vec{n}_x d\Gamma - \int_{y_1}^{y_2}\int_{x_1}^{x_2} T\frac{\partial^2 w}{\partial x^2}dxdy \qquad (9.28)$$

A Eq. (9.28) pode ser reescrita como:

$$\int_{y_1}^{y_2}\left[\int_{x_1}^{x_2}\frac{\partial T}{\partial x}\frac{\partial w}{\partial x}dx\right]dy=\int_{\Gamma}T\frac{\partial w}{\partial x}\vec{n}_x d\Gamma-\int_{y_1}^{y_2}\int_{x_1}^{x_2}T\frac{\partial^2 w}{\partial x^2}dxdy$$

$$(9.29)$$

O terceiro termo do lado direito da Eq. (9.23) pode ser escrito como:

$$\int_{y_1}^{y_2}\frac{\partial T}{\partial y}\frac{\partial w}{\partial y}dy=uv-\int v\frac{\partial u}{\partial y}dy \qquad (9.30)$$

Fazendo as substituições necessárias e integrando por partes:

$$u=\frac{\partial w}{\partial y}\longrightarrow\frac{\partial u}{\partial y}=\frac{\partial^2 w}{\partial y^2}$$

$$\frac{\partial v}{\partial y}dy=\frac{\partial T}{\partial y}dy\longrightarrow\int\frac{\partial v}{\partial y}dy=\int\frac{\partial T}{\partial y}dy\longrightarrow v=T$$

Substituindo os termos de u e v na Eq. (9.24), obtém-se:

$$\int_{y_1}^{y_2}\frac{\partial T}{\partial y}\frac{\partial w}{\partial y}dy=T\frac{\partial w}{\partial y}\bigg|_{y_1}^{y_2}-\int_{y_1}^{y_2}T\frac{\partial^2 w}{\partial y^2}dy \qquad (9.31)$$

$$\int_{y_1}^{y_2}\frac{\partial T}{\partial y}\frac{\partial w}{\partial y}dy=T(y_2)\frac{\partial w(y_2)}{\partial y}-T(y_1)\frac{\partial w(y_1)}{\partial y}-\int_{y_1}^{y_2}T\frac{\partial^2 w}{\partial y^2}dy$$

$$(9.32)$$

Reescrevendo a equação acima dentro dos limites de integração de x, obtém-se:

$$\int_{x_1}^{x_2}\left[\int_{y_1}^{y_2}\frac{\partial T}{\partial y}\frac{\partial w}{\partial y}dy\right]dx = \int_{x_1}^{x_2}T(y_2)\frac{\partial w(y_2)}{\partial y}dx -$$

$$-\int_{x_1}^{x_2}T(y_1)\frac{\partial w(y_1)}{\partial y}dx - \int_{x_1}^{x_2}\int_{y_1}^{y_2}T\frac{\partial^2 w}{\partial x^2}dydx \qquad (9.33)$$

Substituindo a Eq. (5.8) na Eq. (9.33), obtém-se:

$$\int_{x_1}^{x_2}\left[\int_{y_1}^{y_2}\frac{\partial T}{\partial y}\frac{\partial w}{\partial y}dy\right]dx = -\int_{x_1}^{x_2}T(y_2)\frac{\partial w(y_2)}{\partial y}n_y d\Gamma +$$

$$+\int_{x_1}^{x_2}T(y_1)\frac{\partial w(y_1)}{\partial y}n_y d\Gamma - \int_{x_1}^{x_2}\int_{y_1}^{y_2}T\frac{\partial^2 w}{\partial x^2}dydx \qquad (9.34)$$

A Eq. (9.34) pode ser reescrita como:

$$\int_{x_1}^{x_2}\left[\int_{y_1}^{y_2}\frac{\partial T}{\partial y}\frac{\partial w}{\partial y}dy\right]dx = \int_{\Gamma}T\frac{\partial w}{\partial y}\vec{n}_y d\Gamma - \int_{y_1}^{y_2}\int_{x_1}^{x_2}T\frac{\partial^2 w}{\partial x^2}dxdy$$

$$(9.35)$$

Somando as Eq. (9.29) e (9.35), obtém-se:

$$\int_{y_1}^{y_2}\int_{x_1}^{x_2}\left(\frac{\partial T}{\partial x}\frac{\partial w}{\partial x} + \frac{\partial T}{\partial y}\frac{\partial w}{\partial y}\right)dxdy = \int_{\Gamma}\left(T\frac{\partial w}{\partial x}\vec{n}_x +\right.$$

$$\left.+T\frac{\partial w}{\partial y}\vec{n}_y\right)d\Gamma - \int_{y_1}^{y_2}\int_{x_1}^{x_2}\left(\frac{\partial^2 w}{\partial x^2} + \frac{\partial^2 w}{\partial y^2}\right)\Gamma dxdy \qquad (9.36)$$

O primeiro termo do lado direito da Eq. (9.36) pode ser simplificado através da Eq. (9.22), ou seja:

$$\int_{y_1}^{y_2} \int_{x_1}^{x_2} \left(\frac{\partial T}{\partial x}\frac{\partial w}{\partial x} + \frac{\partial T}{\partial y}\frac{\partial w}{\partial y} \right) dxdy = \int_{\Gamma} T\frac{\partial w}{\partial n}d\Gamma -$$
$$- \int_{y_1}^{y_2} \int_{x_1}^{x_2} \left(\frac{\partial^2 w}{\partial x^2} + \frac{\partial^2 w}{\partial y^2} \right) T dxdy \qquad (9.37)$$

Substituindo a Eq. (9.37) na Eq. (9.23), obtém-se:

$$\int_{y_1}^{y_2} \int_{x_1}^{x_2} \left(\frac{\partial^2 T}{\partial x^2} + \frac{\partial^2 T}{\partial y^2} \right) wdxdy = \int_{\Gamma} w\frac{\partial T}{\partial n}d\Gamma -$$
$$- \int_{\Gamma} T\frac{\partial w}{\partial n}d\Gamma + \int_{y_1}^{y_2} \int_{x_1}^{x_2} \left(\frac{\partial^2 w}{\partial x^2} + \frac{\partial^2 w}{\partial y^2} \right) T dxdy \qquad (9.38)$$

O primeiro termo do lado esquerdo é substituído pela Eq. (9.2), e o último termo pode ser escrito na forma do operador Laplaciano ∇, ou seja:

$$- \int_{y_1}^{y_2} \int_{x_1}^{x_2} \left(\frac{\dot{q}}{k} \right) wdxdy = \int_{\Gamma} w\frac{\partial T}{\partial n}d\Gamma -$$
$$- \int_{\Gamma} T\frac{\partial w}{\partial n}d\Gamma + \int_{y_1}^{y_2} \int_{x_1}^{x_2} T\nabla^2 wdxdy \qquad (9.39)$$

A Eq. (9.39) pode ser reescrita da seguinte forma, ou seja:

$$\int_{\Gamma} w\frac{\partial T}{\partial n}d\Gamma - \int_{\Gamma} T\frac{\partial w}{\partial n}d\Gamma + \int_{y_1}^{y_2} \int_{x_1}^{x_2} \nabla^2 wT dxdy +$$
$$+ \int_{y_1}^{y_2} \int_{x_1}^{x_2} \frac{\dot{q}}{k}wdxdy = 0 \qquad (9.40)$$

ou,

$$\int_{\Gamma} \left(w\frac{\partial T}{\partial n} - T\frac{\partial w}{\partial n} \right) d\Gamma + \int_{y_1}^{y_2} \int_{x_1}^{x_2} \nabla^2 w T \, dx \, dy +$$

$$+ \int_{y_1}^{y_2} \int_{x_1}^{x_2} \frac{\dot{q}}{k} w \, dx \, dy = 0 \qquad (9.41)$$

Afim de simplificar a Eq. (9.41), pode-se considerar que não existe fonte geradora de calor ($\dot{q} = 0$), e dessa forma obtém-se:

$$\int_{\Gamma} \left(w\frac{\partial T}{\partial n} - T\frac{\partial w}{\partial n} \right) d\Gamma + \int_{y_1}^{y_2} \int_{x_1}^{x_2} \nabla^2 w T \, dx \, dy = 0 \qquad (9.42)$$

O termo de domínio da Eq. (9.42) pode ser reescrito levando-se em consideração a propriedade do delta de Dirac da Eq. (6.4), ou seja:

$$\nabla^2 w = -\frac{\delta(x_c - x_0)}{k}$$

e,

$$w = T^*$$

Substituindo o termo acima no segundo termo do lado esquerdo da Eq. (9.42), obtém-se:

$$\int_{\Gamma} \left(T^*\frac{\partial T}{\partial n} - T\frac{\partial T^*}{\partial n} \right) d\Gamma - \frac{cT(x_0)}{k} = 0 \qquad (9.43)$$

reorganizando a Eq. (9.43),

$$\frac{cT(x_0)}{k} = \int_\Gamma T^* \frac{\partial T}{\partial n} d\Gamma - \int_\Gamma T \frac{\partial T^*}{\partial n} d\Gamma \qquad (9.44)$$

e por fim,

$$cT(x_0) = \int_\Gamma T^* k \frac{\partial T}{\partial n} d\Gamma - \int_\Gamma T k \frac{\partial T^*}{\partial n} d\Gamma \qquad (9.45)$$

A Eq. (9.22), pode ser reescrita na forma de fluxo, o seja:

$$q' = -k\nabla T.\vec{n} = \frac{\partial T}{\partial n} = -k\frac{\partial T}{\partial n} \qquad (9.46)$$

ou,

$$q^* = -k\nabla T.\vec{n} = \frac{\partial T^*}{\partial n} = -k\frac{\partial T^*}{\partial n} \qquad (9.47)$$

Substituindo às Eq. (9.46) e (9.47) na Eq. (9.45), obtém-se:

$$cT(x_0) = \int_\Gamma T q^* d\Gamma - \int_\Gamma T^* q d\Gamma \qquad (9.48)$$

Os termos q^* e T^* representam as soluções fundamentais de fluxo e temperatura, respectivamente. O valor da constante c da Eq. (9.48) depende da posição do ponto fonte (x_0, y_0), ou seja:

1. Quando $c = 1$ o ponto fonte (x_0, y_0) encontra-se dentro do domínio Ω, ou seja, $(x_0, y_0) \in \Omega$;

2. Quando $c = 0$ o ponto fonte (x_0, y_0) encontra-se fora do domínio Ω, ou seja, $(x_0, y_0) \notin \Omega$;

3. Quando $c = 1/2$ o ponto fonte (x_0, y_0) encontra-se no contorno Γ, ou seja, $(x_0, y_0) \in \Gamma$.

O item 3 apresenta uma condição particular da formulação integral de contorno e será tratada na seção 9.1.1.

9.1.1 Ponto fonte no contorno Γ

Quando o ponto fonte pertence ao contorno, $(x_0, y_0) \in \Gamma$, é necessário propor uma saliência na superfície considerando que no limite $(r \to 0)$ ela desapareça como mostra a Fig. (9.1).

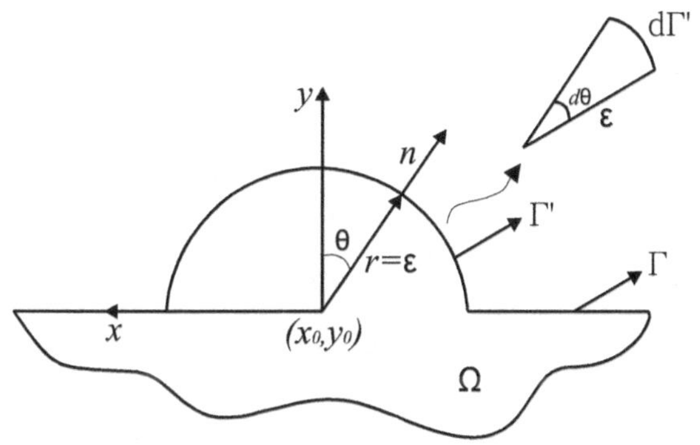

Figura 9.1: Superfície lisa com superfície esférica.

Aplicando a Eq. (9.48) a essa situação, obtém-se:

$$T(x_0) = \int_{\Gamma-\Gamma'} Tq^* d\Gamma + \int_{\Gamma'} Tq^* d\Gamma' - \left(\int_{\Gamma-\Gamma'} T^* q d\Gamma + \right.$$

$$\left. + \int_{\Gamma'} T^* q d\Gamma' \right) \quad (9.49)$$

Substituindo a Eq. (8.55) no segundo termo do lado direito da Eq. (9.49), ou seja:

$$\int_{\Gamma'} Tq^* d\Gamma' = \int_{\Gamma'} \frac{T(x_0)}{2\pi r^2} \left(r_x n_x + r_y n_y \right) d\Gamma' \quad (9.50)$$

Da Fig. (9.1) nota-se que:

$$d\Gamma' = \varepsilon d\theta \quad (9.51)$$

Substituindo as Eq. (8.56), (8.57) e (9.51) na Eq. (9.50), obtém-se:

$$\int_{\Gamma'} Tq^* d\Gamma' = \int_{\Gamma'} \frac{T(x_0)}{2\pi r^2} \left(r_x \times \frac{r_x}{r} + r_y \times \frac{r_y}{r} \right) d\Gamma' \quad (9.52)$$

$$\int_{\Gamma'} Tq^* d\Gamma' = \int_{-\pi/2}^{\pi/2} \frac{T(x_0)}{2\pi r^2} \left(\frac{r_x^2}{r} + \frac{r_y^2}{r} \right) \varepsilon d\theta \quad (9.53)$$

Sabe-se que,

$$r^2 = r_x^2 + r_y^2$$

Substituindo a relação acima na Eq. (9.53), obtém-se:

$$\int_{\Gamma'} T q^* d\Gamma' = \int_{-\pi/2}^{\pi/2} \left(\frac{T(x_0)}{2\pi r^2} \right) \left(\frac{r^2}{r} \right) \varepsilon d\theta \qquad (9.54)$$

Da Fig. (9.1) pode-se notar que:

$$r = \varepsilon$$

Substituindo a relação acima na Eq. (9.54), obtém-se:

$$\int_{\Gamma'} T q^* d\Gamma' = \int_{-\pi/2}^{\pi/2} \left(\frac{T(x_0)}{2\pi \varepsilon^2} \right) \left(\frac{\varepsilon^2}{\varepsilon} \right) \varepsilon d\theta \qquad (9.55)$$

$$\int_{\Gamma'} T q^* d\Gamma' = \frac{T(x_0)}{2\pi} \int_{-\pi/2}^{\pi/2} d\theta \qquad (9.56)$$

$$\int_{\Gamma'} T q^* d\Gamma' = \frac{T(x_0)}{2\pi} \left[\frac{\pi}{2} - \left(-\frac{\pi}{2} \right) \right] \qquad (9.57)$$

$$\int_{\Gamma'} T q^* d\Gamma' = \frac{T(x_0)}{2} \qquad (9.58)$$

Substituindo a Eq. (8.47) no quarto termo do lado direito da Eq. (9.49), ou seja:

$$\int_{\Gamma'} T^* q d\Gamma = - \int_{\Gamma'} \frac{1}{2\pi k} \ln(r) q d\Gamma \qquad (9.59)$$

Substituindo a Eq. (9.51) na Eq. (9.59), obtém-se:

$$\int_{\Gamma'} T^* q d\Gamma = - \int_{-\pi/2}^{\pi/2} \frac{1}{2\pi k} \ln(r) q \varepsilon d\theta \tag{9.60}$$

Como $r = \varepsilon$, obtém-se:

$$\int_{\Gamma'} T^* q d\Gamma = - \int_{-\pi/2}^{\pi/2} \frac{1}{2\pi k} \ln(\varepsilon) q \varepsilon d\theta \tag{9.61}$$

$$\int_{\Gamma'} T^* q d\Gamma = - \frac{q}{2\pi k} \ln(\varepsilon) \varepsilon \int_{-\pi/2}^{\pi/2} d\theta \tag{9.62}$$

$$\int_{\Gamma'} T^* q d\Gamma = - \frac{q}{2\pi k} \ln(\varepsilon) \varepsilon \left[\frac{\pi}{2} - \left(-\frac{\pi}{2} \right) \right] \tag{9.63}$$

$$\int_{\Gamma'} T^* q d\Gamma = - \frac{q}{2k} \ln(\varepsilon) \varepsilon \tag{9.64}$$

Aplicando o limite quando $\varepsilon \to 0$, obtém-se:

$$\int_{\Gamma'} T^* q d\Gamma = - \frac{q}{2k} \lim_{\varepsilon \to 0} \ln(\varepsilon) \varepsilon \tag{9.65}$$

Aplicando o teorema de L'Hospital, obtém-se:

$$\lim_{\varepsilon \to 0} \ln(\varepsilon) \varepsilon = \lim_{\varepsilon \to 0} \frac{\ln \varepsilon}{\varepsilon^{-1}} \tag{9.66}$$

$$\lim_{\varepsilon \to 0} \ln(\varepsilon) \varepsilon = - \frac{\varepsilon^{-1}}{\varepsilon^{-2}} \tag{9.67}$$

$$\lim_{\varepsilon \to 0} \ln(\varepsilon)\varepsilon = -\varepsilon \qquad (9.68)$$

$$\lim_{\varepsilon \to 0} \ln(\varepsilon)\varepsilon = 0 \qquad (9.69)$$

Substituindo a Eq. (9.69) na Eq. (9.65), obtém-se:

$$\int_{\Gamma'} T^* q \, d\Gamma = 0 \qquad (9.70)$$

Dessa forma, a Eq. (9.48) é reescrita como:

$$T(x_0) = \int_{\Gamma-\Gamma'} T q^* d\Gamma + \frac{T(x_0)}{2} - \left(\int_{\Gamma-\Gamma'} T^* q \, d\Gamma + 0 \right) \qquad (9.71)$$

Reescrevendo a Eq. (9.71), obtém-se:

$$\frac{T(x_0)}{2} = \int_{\Gamma} T q^* d\Gamma - \int_{\Gamma} T^* q \, d\Gamma \qquad (9.72)$$

Capítulo 10

Equação integral de contorno discretizada

Neste capítulo é apresentada a equação integral de contorno discretizada em elementos constantes. Além disso, será mostrado a montagem das matrizes H e G, e o tratamento de singularidades presentes nas soluções fundamentais de temperatura e fluxo de calor.

10.1 Discretização da equação integral de contorno

A Eq. (9.48) pode ser descrita como uma somatória, pois está escrita na forma integral. Dessa forma, a Eq. (9.48) será discretizada[1], e o contorno Γ será dividido em vários elementos constantes como mostra a Fig. (10.1). Os elementos associados a cada Γ_n são chamados de elementos constantes e possuem apenas um nó por elemento de modo a simplificar a formulação. Outros elementos podem ser utilizados, por exemplo: lineares ou quadráticos[2].

A cada elemento de contorno, associa-se um elemento chamado nó ou pontos nodais e os valores das variáveis associadas a estes são denominados valores nodais, ver Fig. (10.2). Os valores de T_j e q_j constantes ao longo do elemento. Além disso, é necessário considerar a mudança variável de $d\Gamma$ para $d\xi$ para realizar a integração ao longo do elemento.

A Eq. (9.48) pode ser aplicada para todos os elementos do

---

[1] Dividido em várias partes.

[2] De modo a simplificar a formulação, serão utilizados elementos constantes ao longo do texto.

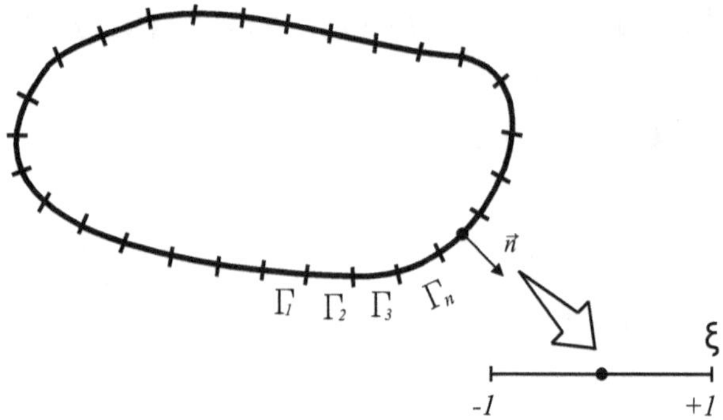

Figura 10.1: Domínio bidimensional dividido em elementos de contorno.

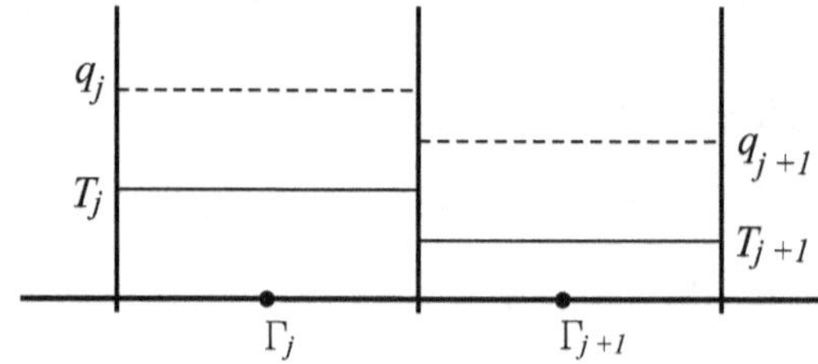

Figura 10.2: Nós do elemento constante.

contorno Γ_1, Γ_2, Γ_3, ..., Γ_n, ou seja:

$$cT(x_0) = \sum_{j=1}^{n} \int_{\Gamma_j} T q^* d\Gamma - \sum_{j=1}^{n} \int_{\Gamma_j} T^* q d\Gamma \tag{10.1}$$

Para a condição em que o ponto fonte encontra-se no contorno Γ_i, a Eq. (10.1) pode ser escrita como:

$$-\frac{1}{2}T_i + \sum_{j=1}^{n} T_j \int_{\Gamma_j} q^* d\Gamma = \sum_{j=1}^{n} q_j \int_{\Gamma_j} T^* d\Gamma \qquad (10.2)$$

A Eq. (10.2) pode ser reescrita como:

$$\sum_{j=1}^{n} \left[H_{ij}T_j \right] = \sum_{j=1}^{n} \left[G_{ij}q_j \right] \qquad (10.3)$$

Os termos H_{ij} e G_{ij} são dados por:

- Para $i \neq j$:

$$H_{ij} = \int_{\Gamma_j} q^* d\Gamma \qquad (10.4)$$

- Para $i = j$:

$$H_{ij} = -\frac{1}{2} + \int_{\Gamma_j} q^* d\Gamma \qquad (10.5)$$

e,

$$G_{ij} - \int_{\Gamma_j} T^* d\Gamma \qquad (10.6)$$

A solução da Eq. (10.3) corresponde a solução dos valores de T e q no contorno.

10.1.1   Temperatura em pontos internos

A solução em pontos internos depende dos valores de T e q previamente calculados no contorno pela Eq. (10.3), ou seja, quando o ponto fonte pertence a um ponto do domínio o valor da constante $c = 1$, ou seja:

$$T_i = \sum_{j=1}^{n} T_j \int_{\Gamma_j} q^* d\Gamma - \sum_{j=1}^{n} q_j \int_{\Gamma_j} T^* d\Gamma \qquad (10.7)$$

A montagem das matrizes H e G pode ser representada através do problema mostrado na Fig. (10.3). As notações para as condições de contorno são dadas por:

- ! - Valor conhecido;

- ? - Valor desconhecido.

As coordenadas dos pontos nodais são dadas por:

- Nó 1: (x_1, y_1)

- Nó 2: (x_2, y_2)

- Nó 3: (x_3, y_3)

- Nó 4: (x_4, y_4)

- Nó 5: (x_5, y_5)

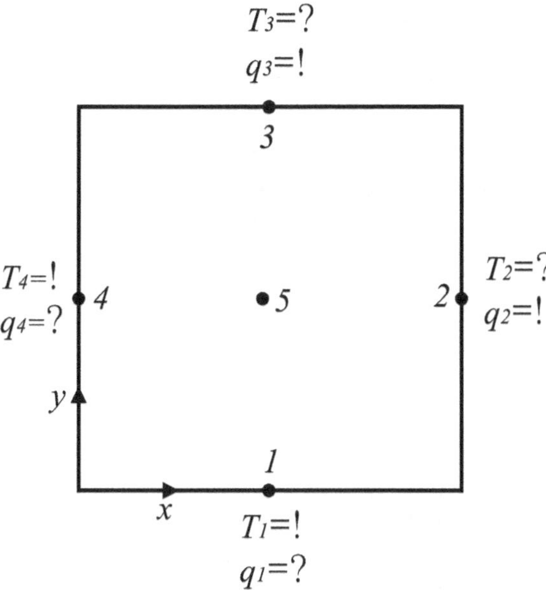

Figura 10.3: Placa com um elemento por lado.

10.1.2 Construção das matrizes H_{ij} e G_{ij}

A placa quadrada, de espessura unitária, tem quatro lados iguais, dessa forma a dimensão das matrizes H_{ij} e G_{ij} será 4×4. Além disso, para efeitos de simplificação considere, apenas um elemento constante por lado. O primeiro índice das matrizes H e G representa o ponto fonte (x_0, y_0), e o segundo índice representa o ponto campo (x, y). As temperaturas e fluxos desconhecidos são obtidos através da Eq. (10.3). Nas soluções fundamentais dadas pelas Eq. (8.47) e (8.54), pode-se notar que as construções das matrizes H_{ij} e G_{ij}, baseia-se no cálculo da distância r entre os pontos fonte (x_0, y_0) e campo (x, y). A seguir tem-se o esquema das montagens de linhas e colunas das matrizes H_{ij} e G_{ij}.

Linha 1 **de** H_{1j} **e** G_{1j}: Para construção da primeira linha das matrizes H_{ij} e G_{ij}, fixa-se o índice $i = 1$ e varia-se o índice $j = 1, 2, 3, 4$.

$$
\begin{bmatrix} H_{11} & H_{12} & H_{13} & H_{14} \\ \cdots & \cdots & \cdots & \cdots \\ \cdots & \cdots & \cdots & \cdots \\ \cdots & \cdots & \cdots & \cdots \end{bmatrix}
\begin{Bmatrix} T_1 \\ T_2 \\ T_3 \\ T_4 \end{Bmatrix}
=
\begin{bmatrix} G_{11} & G_{12} & G_{13} & G_{14} \\ \cdots & \cdots & \cdots & \cdots \\ \cdots & \cdots & \cdots & \cdots \\ \cdots & \cdots & \cdots & \cdots \end{bmatrix}
\begin{Bmatrix} q_1 \\ q_2 \\ q_3 \\ q_4 \end{Bmatrix}
$$

Distância r_{1j}: Para construção da primeira linha do vetor r_{ij} das matrizes H_{ij} e G_{ij}, fixa-se o índice $i = 1$ e varia-se o índice $j = 1, 2, 3, 4$.

$$r(1,1) = \sqrt{(x_1 - x_1)^2 + (y_1 - y_1)^2}$$

$$r(1,2) = \sqrt{(x_2 - x_1)^2 + (y_2 - y_1)^2}$$

$$r(1,3) = \sqrt{(x_3 - x_1)^2 + (y_3 - y_1)^2}$$

$$r(1,4) = \sqrt{(x_4 - x_1)^2 + (y_4 - y_1)^2}$$

Linha 2 de H_{2j} e G_{2j}: Para construção da segunda linha das matrizes H_{ij} e G_{ij}, fixa-se o índice $i = 2$ e varia-se o índice $j = 1, 2, 3, 4$.

$$
\begin{bmatrix}
\cdots & \cdots & \cdots & \cdots \\
H_{21} & H_{22} & H_{23} & H_{24} \\
\cdots & \cdots & \cdots & \cdots \\
\cdots & \cdots & \cdots & \cdots
\end{bmatrix}
\begin{Bmatrix}
T_1 \\ T_2 \\ T_3 \\ T_4
\end{Bmatrix}
=
\begin{bmatrix}
\cdots & \cdots & \cdots & \cdots \\
G_{21} & G_{22} & G_{23} & G_{24} \\
\cdots & \cdots & \cdots & \cdots \\
\cdots & \cdots & \cdots & \cdots
\end{bmatrix}
\begin{Bmatrix}
q_1 \\ q_2 \\ q_3 \\ q_4
\end{Bmatrix}
$$

Distância r_{2j}: Para construção da segunda linha do vetor r_{ij} das matrizes H_{ij} e G_{ij}, fixa-se o índice $i = 2$ e varia-se o índice $j = 1, 2, 3, 4$.

$$r(2,1) = \sqrt{(x_1 - x_2)^2 + (y_1 - y_2)^2}$$

$$r(2,2) = \sqrt{(x_2 - x_2)^2 + (y_2 - y_2)^2}$$

$$r(2,3) = \sqrt{(x_3 - x_2)^2 + (y_3 - y_2)^2}$$

$$r(2,4) = \sqrt{(x_4 - x_2)^2 + (y_4 - y_2)^2}$$

Linha 3 de H_{3j} e G_{3j}: Para construção da terceira linha das matrizes H_{ij} e G_{ij}, fixa-se o índice $i = 3$, e varia-se o índice $j = 1, 2, 3, 4$.

$$
\begin{bmatrix}
\cdots & \cdots & \cdots & \cdots \\
\cdots & \cdots & \cdots & \cdots \\
H_{31} & H_{32} & H_{33} & H_{34} \\
\cdots & \cdots & \cdots & \cdots
\end{bmatrix}
\begin{Bmatrix}
T_1 \\ T_2 \\ T_3 \\ T_4
\end{Bmatrix}
=
\begin{bmatrix}
\cdots & \cdots & \cdots & \cdots \\
\cdots & \cdots & \cdots & \cdots \\
G_{31} & G_{32} & G_{33} & G_{34} \\
\cdots & \cdots & \cdots & \cdots
\end{bmatrix}
\begin{Bmatrix}
q_1 \\ q_2 \\ q_3 \\ q_4
\end{Bmatrix}
$$

Distância r_{3j}: Para construção da terceira linha do vetor r_{ij} das matrizes H_{ij} e G_{ij}, fixa-se o índice $i = 3$ e varia-se o índice $j = 1, 2, 3, 4$.

$$r(3,1) = \sqrt{(x_1 - x_3)^2 + (y_1 - y_3)^2}$$

$$r(3,2) = \sqrt{(x_2 - x_3)^2 + (y_2 - y_3)^2}$$

$$r(3,3) = \sqrt{(x_3 - x_3)^2 + (y_3 - y_3)^2}$$

$$r(3,4) = \sqrt{(x_4 - x_3)^2 + (y_4 - y_3)^2}$$

Linha 4 de H_{4j} e G_{4j}: Para construção da quarta linha das matrizes H_{ij} e G_{ij}, fixa-se o índice $i = 4$ e varia-se o índice $j =$

$1, 2, 3, 4.$

$$\begin{bmatrix} \cdots & \cdots & \cdots & \cdots \\ \cdots & \cdots & \cdots & \cdots \\ \cdots & \cdots & \cdots & \cdots \\ H_{41} & H_{42} & H_{43} & H_{44} \end{bmatrix} \begin{Bmatrix} T_1 \\ T_2 \\ T_3 \\ T_4 \end{Bmatrix} = \begin{bmatrix} \cdots & \cdots & \cdots & \cdots \\ \cdots & \cdots & \cdots & \cdots \\ \cdots & \cdots & \cdots & \cdots \\ G_{41} & G_{42} & G_{43} & G_{44} \end{bmatrix} \begin{Bmatrix} q_1 \\ q_2 \\ q_3 \\ q_4 \end{Bmatrix}$$

Distância r_{4j}: Para construção da quarta linha do vetor r_{ij} das matrizes H_{ij} e G_{ij}, fixa-se o índice $i = 4$ e varia-se o índice $j = 1, 2, 3, 4.$

$$r(4,1) = \sqrt{(x_1 - x_3)^2 + (y_1 - y_3)^2}$$

$$r(4,2) = \sqrt{(x_2 - x_3)^2 + (y_2 - y_3)^2}$$

$$r(4,3) = \sqrt{(x_3 - x_3)^2 + (y_3 - y_3)^2}$$

$$r(4,4) = \sqrt{(x_4 - x_3)^2 + (y_4 - y_3)^2}$$

O sistema final é formado pelos elementos das matrizes H_{ij} e G_{ij}, ou seja:

$$\begin{bmatrix} H_{11} & H_{12} & H_{13} & H_{14} \\ H_{21} & H_{22} & H_{23} & H_{24} \\ H_{31} & H_{32} & H_{33} & H_{34} \\ H_{41} & H_{42} & H_{43} & H_{44} \end{bmatrix} \begin{Bmatrix} T_1 \\ T_2 \\ T_3 \\ T_4 \end{Bmatrix} = \begin{bmatrix} G_{11} & G_{12} & G_{13} & G_{14} \\ G_{21} & G_{22} & G_{23} & G_{24} \\ G_{31} & G_{32} & G_{33} & G_{34} \\ G_{41} & G_{42} & G_{43} & G_{44} \end{bmatrix} \begin{Bmatrix} q_1 \\ q_2 \\ q_3 \\ q_4 \end{Bmatrix}$$

A solução do sistema é realizada através das condições de contorno
(termos conhecidos ! e desconhecidos ?), ou seja:

$$
\begin{bmatrix}
-G_{11} & H_{12} & H_{13} & -G_{14} \\
-G_{21} & H_{22} & H_{23} & -G_{24} \\
-G_{31} & H_{32} & H_{33} & -G_{34} \\
-G_{41} & H_{42} & H_{43} & -G_{44}
\end{bmatrix}
\begin{Bmatrix}
q_1 \\ T_2 \\ T_3 \\ q_4
\end{Bmatrix} =
$$

$$
\begin{bmatrix}
-H_{11} & G_{12} & G_{13} & -H_{14} \\
-H_{21} & G_{22} & G_{23} & -H_{24} \\
-H_{31} & G_{32} & G_{33} & -H_{34} \\
-H_{41} & G_{42} & G_{43} & -H_{44}
\end{bmatrix}
\begin{Bmatrix}
\bar{T}_1 \\ \bar{q}_2 \\ \bar{q}_3 \\ \bar{T}_4
\end{Bmatrix}
$$

O vetor formado por $\bar{T}_1$, $\bar{q}_2$, $\bar{q}_3$ e $\bar{T}_4$ corresponde as condições de
contorno conhecidas que multiplicadas pela matriz cheia formam
um vetor coluna de dimensão 4×1. O vetor formado por T_1, q_2
e q_3 e $\bar{T}_4$, corresponde as variáveis desconhecidas do problema. O
formato final do sistema é dado por:

$$
Ax = b \longrightarrow x = A^{-1}b
$$

ou,

$$
x =
\begin{Bmatrix}
q_1 \\ T_2 \\ T_3 \\ q_4
\end{Bmatrix}
$$

O vetor resultante x corresponde aos valores desconhecidos de temperaturas e fluxos no contorno.

10.1.3 Construção das matrizes Hi_{ij} e Gi_{ij}

A temperatura em pontos internos (nó central: 5) será obtido pela Eq. (10.7). A placa da Fig. (10.3) possui apenas um ponto interno. Dessa forma, a dimensão da matriz será 1×4. O ponto fonte será aplicado no nó cinco, em relação aos respectivos pontos campos (1, 2, 3 e 4).

Linha 1 **de** Hi_{1j} **e** Gi_{1j}: Para construção da primeira linha das matrizes Hi_{ij} e Gi_{ij}, e as colunas um, dois e três, fixa-se o índice $i = 1$, e varia-se o índice $j = 1, 2, 3, 4$.

$$T_1 = \begin{bmatrix} H_{11} & H_{12} & H_{13} & H_{14} \end{bmatrix} \begin{Bmatrix} T_1 \\ T_2 \\ T_3 \\ T_4 \end{Bmatrix} - \begin{bmatrix} G_{11} & G_{12} & G_{13} & G_{14} \end{bmatrix} \begin{Bmatrix} q_1 \\ q_2 \\ q_3 \\ q_4 \end{Bmatrix}$$

onde T_1 representa a temperatura do nó central 5.

10.1.4 Integração dos termos H_{ij} e G_{ij}

Os termos das Eq. (10.3) e (10.7) são obtidos analiticamente ou numericamente. Os termos da diagonal quando $i = j$ (H_{11}, H_{22} e H_{33}, G_{11}, G_{22} e G_{33}) apresentam funções singulares quando o ponto fonte coincide com o ponto campo, ou seja, a distância entre os dois pontos é igual a zero $(r = 0)^3$. A matriz G apresenta singularidade fraca $ln(r)$ (ver Fig. 10.4) e a matriz H apresenta singularidade forte $1/r^2$ (ver Fig. 10.5).

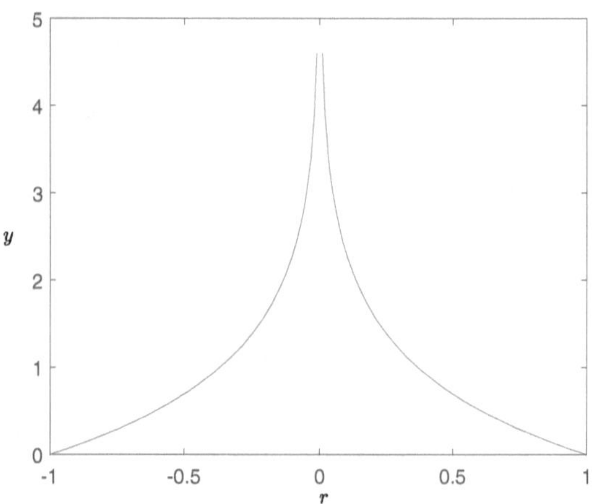

Figura 10.4: Função $y = \ln(r)$.

---

[3]Se o ponto fonte (x_0, y_0) for colocado fora do contorno todas as integrações serão realizadas numericamente.

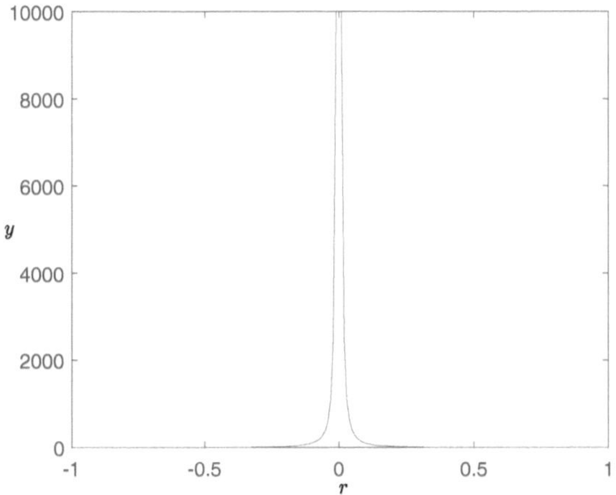

Figura 10.5: Função $y = 1/r^2$.

Os termos fora da diagonal $i \neq j$ são integrados numericamente através da quadratura de Gauss. As soluções fundamentais temperatura e fluxo, respectivamente, dadas pelas Eq. (8.47) e (8.54) são tratadas de forma analítica abaixo:

Singularidade na matriz H quando $i = j$:

A solução fundamental da matriz H é dada pela Eq. (8.54), assim:

$$H_{ij} = -\frac{1}{2} + \frac{1}{2\pi} \int_\Gamma \left[\frac{(x_c - x_0)n_x + (y_c - y_0)n_y}{r^2} \right] d\Gamma$$

Os termos $(x_c - x_0)$ e $(y_c - y_0)$ são substituídos por r_x e r_y, respectivamente, e são mostrados no elemento da Fig. (10.6).

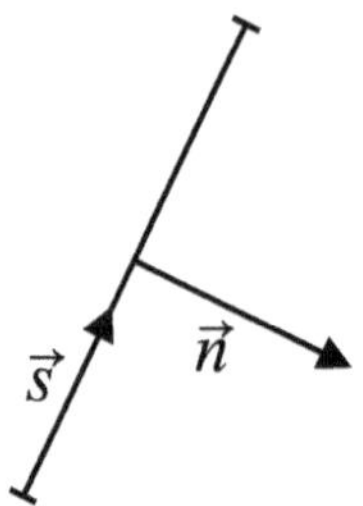

Figura 10.6: Vetores $\vec{r}$ e $\vec{n}$ no elemento.

Das propriedades de produto escalar, tem-se:

$$\vec{s}_x \vec{n}_x + \vec{s}_y \vec{n}_y = 0$$

Logo,

$$H_{ij} = -\frac{1}{2} \tag{10.8}$$

Assim, pode-se observar que a matriz H_{ij} deve apresentar os termos da diagonal iguais a $-1/2$.

Integração da matriz H quando $i \neq j$:

A Eq. (10.4) pode ser integrada numericamente, quando o ponto fonte não pertence ao ponto campo. As relações entre os vetores normais e tangenciais ao contorno Γ (ver Fig. 10.6), são dadas por:

$$\vec{n}.\vec{s} = 0 \tag{10.9}$$

$$(n_x \vec{i} + n_y \vec{j}) \cdot (s_x \vec{i} + s_y \vec{j}) = 0$$

Das relações entre $\vec{n}$ e $\vec{r}$ chega-se a conclusão que:

$$n_x = s_y$$

e,

$$n_y = -s_x$$

O vetor tangente unitário de $\vec{r}$ é dado por:

$$\vec{s} = \frac{(x_2 - x_1)\vec{i} + (y_2 - y_1)\vec{j}}{\sqrt{(x_2 - x_1)^2 + (y_2 - y_1)^2}}$$

ou,

$$\vec{s} = \frac{(x_2 - x_1)\vec{i} + (y_2 - y_1)\vec{j}}{L}$$

onde,

$$s_x = \frac{x_2 - x_1}{L}$$

e,

$$s_y = \frac{y_2 - y_1}{L}$$

Assim, a Eq. (10.4) pode ser reescrita considerando a mudança de variáveis de acordo com a Eq. (7.12), ou seja:

$$H_{ij} = \frac{1}{2\pi} \int_{-1}^{1} \frac{(r_x n_x + r_y n_y)}{r^2} \frac{d\Gamma}{d\xi} d\xi$$

Substituindo $d\Gamma/d\xi$ pelo Jacobiano (Eq. 7.7), obtém-se:

$$H_{ij} = \frac{L}{4\pi} \sum_{i=1}^{npg} \left[\frac{(r_x^i n_x + r_y^i n_y)w_i}{r^2} \right] \qquad (10.10)$$

Singularidade na matriz G quando $i = j$:

A solução fundamental da matriz G é dada pela Eq. (8.47), assim:

$$G_{ij} = -\frac{1}{2\pi k} \int_\Gamma \ln(r)d\Gamma$$

A Fig. (10.7) mostra que o $ln \to \infty$ quando $r = 0$ (ponto central do elemento), e dessa forma surge a singularidade. É possível

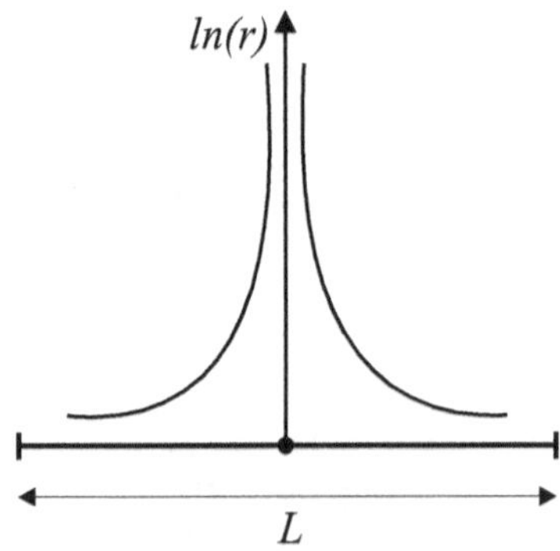

Figura 10.7: Integração no elemento constante.

resolver de forma analítica através de uma integração por partes, ou seja:

$$\int \ln(r)dr$$

Para integrar por partes é necessário fazer a seguinte substituição:

$$u = \ln r \longrightarrow du = 1/r dr$$

$$dv = dr \longrightarrow v = r$$

Da equação de integral por partes:

$$\int u dv = u.v - \int v du$$

$$\int \ln(r) dr = r \ln r - \int r \times \frac{1}{r} dr$$

$$\int \ln(r) dr = r(\ln r - 1)$$

Substituindo a integral por partes obtida no termo G_{ij}, e considerando-se os limites de integração[4] de 0 a $L/2$, obtém-se:

$$G_{ij} = -\frac{2}{2\pi k} \left[r(\ln r - 1) \right]_0^{L/2}$$

$$G_{ij} = -\frac{1}{\pi k} \left[r(\ln r - 1) \right]_0^{L/2}$$

$$G_{ij} = \frac{L}{2\pi k} \left[1 - \ln\left(\frac{L}{2}\right) \right] \tag{10.11}$$

---

[4]Multiplicar por 2, pois a variação ocorre dentro do intervalo $0 \leq x \leq L$.

Os termos da diagonal da matriz G_{ij} são dados pela Eq. (10.11).

Integração da matriz G quando $i \neq j$:

A Eq. (10.6) pode ser integrada numericamente, quando o ponto fonte não pertence ao ponto campo. Dessa forma, a Eq. (10.6) pode ser escrita pode ser escrita como:

$$G_{ij} = -\frac{1}{2\pi k} \int_{-1}^{+1} \ln(r(\xi))\frac{d\Gamma}{d\xi}d\xi$$

Substituindo $d\Gamma/d\xi$ pelo Jacobiano (Eq. 7.7), obtém-se:

$$G_{ij} = -\frac{1}{4\pi k} \int_{-1}^{+1} \ln(r(\xi))d\xi$$

Substituindo a integral pelos pontos e pesos de Gauss, obtém-se:

$$G_{ij} = -\frac{1}{4\pi k} \sum_{i=1}^{npg}\left\{\ln\left[r(\xi_i)\right]w_i\right\} \tag{10.12}$$

O diagrama de blocos seguinte, mostra a sequência de informações que o código computacional deve apresentar.

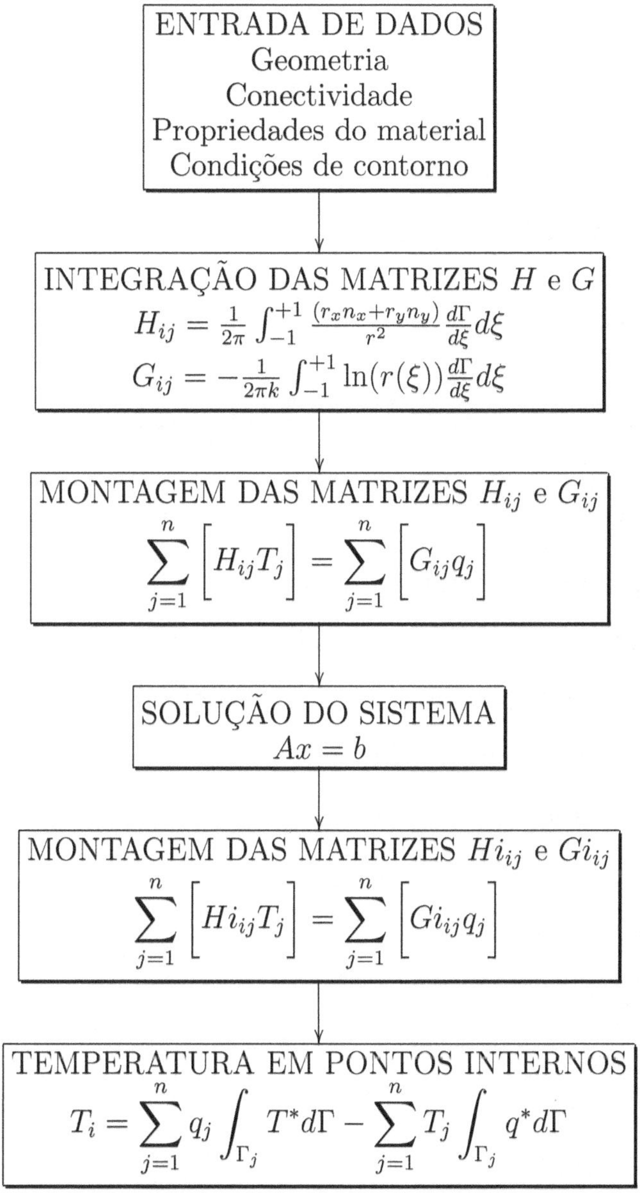

$$\boxed{\begin{array}{c} \text{ENTRADA DE DADOS} \\ \text{Geometria} \\ \text{Conectividade} \\ \text{Propriedades do material} \\ \text{Condições de contorno} \end{array}}$$

$$\downarrow$$

$$\boxed{\begin{array}{c} \text{INTEGRAÇÃO DAS MATRIZES } H \text{ e } G \\[4pt] H_{ij} = \frac{1}{2\pi} \int_{-1}^{+1} \frac{(r_x n_x + r_y n_y)}{r^2} \frac{d\Gamma}{d\xi} d\xi \\[4pt] G_{ij} = -\frac{1}{2\pi k} \int_{-1}^{+1} \ln(r(\xi)) \frac{d\Gamma}{d\xi} d\xi \end{array}}$$

$$\downarrow$$

$$\boxed{\begin{array}{c} \text{MONTAGEM DAS MATRIZES } H_{ij} \text{ e } G_{ij} \\[4pt] \sum_{j=1}^{n} \left[H_{ij} T_j \right] = \sum_{j=1}^{n} \left[G_{ij} q_j \right] \end{array}}$$

$$\downarrow$$

$$\boxed{\begin{array}{c} \text{SOLUÇÃO DO SISTEMA} \\ Ax = b \end{array}}$$

$$\downarrow$$

$$\boxed{\begin{array}{c} \text{MONTAGEM DAS MATRIZES } Hi_{ij} \text{ e } Gi_{ij} \\[4pt] \sum_{j=1}^{n} \left[Hi_{ij} T_j \right] = \sum_{j=1}^{n} \left[Gi_{ij} q_j \right] \end{array}}$$

$$\downarrow$$

$$\boxed{\begin{array}{c} \text{TEMPERATURA EM PONTOS INTERNOS} \\[4pt] T_i = \sum_{j=1}^{n} q_j \int_{\Gamma_j} T^* d\Gamma - \sum_{j=1}^{n} T_j \int_{\Gamma_j} q^* d\Gamma \end{array}}$$

Capítulo 11

Código computacional

Neste capítulo é apresentado um código computacional em ambiente MATLAB. Não foram utilizadas "functions", afim de mostrar ao leitor passo a passo da construção das matrizes H_{ij}, G_{ij}, Hi_{ij} e Gi_{ij}, bem como o cálculo de temperaturas e fluxos em pontos do contorno e internos.

11.1 Problema

Considere uma placa de dimensões unitárias, com um elemento por lado e um ponto interno (ver Fig. 11.1). Escreva um código em ambiente MATLAB para obter a distribuição da temperatura e o fluxo no contorno da placa e ponto interno. Dado: condutividade térmica igual a $1kW/m°C$.

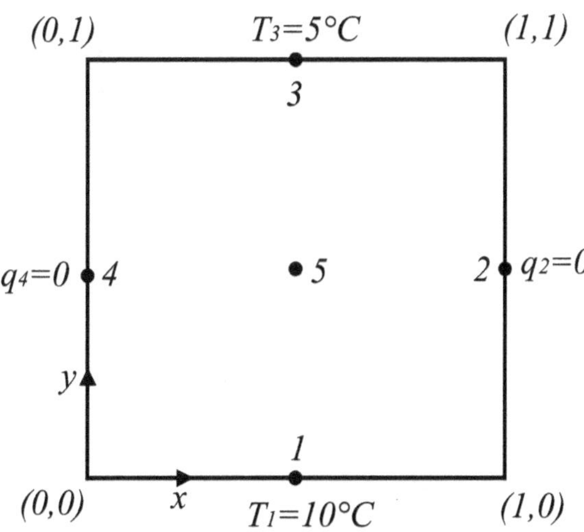

Figura 11.1: Placa unitária com um elemento por lado e um ponto interno.

11.2 Entrada de dados

Na entrada de dados são definidos os extremos do elemento, os elementos de ligação e a condutividade térmica do material k.

```
% clc
% clear all
% close all
% Extremos dos elementos (coordenadas x,y) no
% sentido anti-horário.
XY = [0  0
      1  0
      1  1
      0  1];
% Caracterização da posição do elemento
% (sentido anti-horário).
ELEM = [1  2
        2  3
        3  4
        4  1];
% Condutividade térmica (kW/m°C)
k = 1;
```

11.3 Tratamento da entrada de dados

No tratamento da entrada de dados são definidos número de nós,
número de elementos, as coordenadas dos pontos fontes, os extremos dos elementos, comprimentos dos elementos e componentes
normais e tangenciais.

```
% Número de nós
nnos = length(XY(:,1));
% Número de elementos
nelem = nnos;
% Coordenadas dos nós
 ii = 1:nnos
    xno(ii) = ((XY(ELEM(ii,1),1)+XY(ELEM(ii,2),1)))/2;
    yno(ii) = ((XY(ELEM(ii,1),2)+XY(ELEM(ii,2),2)))/2;
end
% Coordenadas dos extremos dos elementos
for aa = 1:nelem
    x1(aa) = XY(ELEM(aa,1),1);
    y1(aa) = XY(ELEM(aa,1),2);
    x2(aa) = XY(ELEM(aa,2),1);
    y2(aa) = XY(ELEM(aa,2),2);
end
```

```matlab
% Cálculo dos comprimentos dos elementos, e componentes
% tangenciais em x e y
for cc = 1:nelem
    L(cc) = sqrt((x2(cc) - x1(cc))^2 + (y2(cc)
    - y1(cc))^2);
    sx(cc) = (x2(cc)-x1(cc))/L(cc);
    sy(cc) = (y2(cc)-y1(cc))/L(cc);
end
% Componente na direção x do vetor normal ao elemento
nx = sy;
% Componente na direção y do vetor normal ao elemento
ny = -sx;
```

11.4   Pontos e pesos de Gauss

Nesta etapa são definidos os pontos (ξ) e pesos (w) de Gauss para integração das matrizes H e G. Para outros valores consultar a tabela no final do capítulo 7.

```matlab
% Integração não-singular
% Pontos e Pesos de Gauss
% Dois pontos e pesos de Gauss
```

```
% qsi = [-0.57735026918926   0.57735026918926];
% w = [1.000000000000000   1.000000000000000];
% Quatro pontos e pesos de Gauss
qsi = [-0.86113631   -0.33998104   0.33998104   0.86113631];
w = [0.34785485   0.65214515   0.65214515   0.34785485];
% Número de pontos de integração
n_pinteg = length(qsi);
```

11.5   Montagem das matrizes H e G

Nesta etapa, as matrizes H e G são montadas através das soluções fundamentais de temperatura e fluxo. A montagem das matrizes H e G são dadas pelas Eq. (10.8), (10.10), (10.11) e (10.12).

```
% Calcula os valores das matrizes G e H
for i = 1:nelem
    for j = 1:nelem
        if i == j
        % Integração quando o ponto fonte pertence
        % ao elemento (Matrizes singulares)
        H(i,j) = -1/2;
        G(i,j) = (L(j)/(2*pi*k))*(1-log(L(j)/2));
    else
```

```matlab
            G(i,j) = 0;
            H(i,j) = 0;
            % Integração quando o ponto fonte não pertence
            % ao elemento (Matrizes regulares)

        for kk = 1:n_pinteg
            x = 1/2*((x2(j)-x1(j))*qsi(kk)+x1(j)+x2(j));
            y = 1/2*((y2(j)-y1(j))*qsi(kk)+y1(j)+y2(j));
            % Distância entre o ponto campo e o
            % ponto fonte
            R = sqrt((x-xno(i))^2+(y-yno(i))^2);
            Rx = (x-xno(i));
            Ry = (y-yno(i));
            G(i,j) = G(i,j)+(-1/(2*pi))*(L(j)/2)*
            log(R)*w(kk);
            H(i,j) = H(i,j)+(L(j)/(4*pi))*((Rx*nx(j)+
            Ry*ny(j)))/(R)^2*w(kk);
        end
      end
    end
end
```

11.6 Montagem do sistema $Ax = b$

Nesta etapa, aplicam-se as condições de contorno do problema e encontra-se o sistema $Ax = b$.

```
% Tipo = 0 (temperatura é conhecida)
% Tipo = 1 (fluxo é conhecido)
% Valor = valor do fluxo ou temperatura
% CDC [tipo valor]
  CDC = [0   10
         1   0
         0   5
         1   0];


% Montagem das matrizes A e B do sistema [A]{x}=[B]{CDC}
for i = 1:nnos
    tipo = CDC(i,1);
    if tipo == 1
        A(:,i) = H(:,i);
        B(:,i) = G(:,i);
    else
        A(:,i) = -G(:,i)
        B(:,i) = -H(:,i);
```

```
    end
end


% Cálculo do vetor {x}:  [A]{x}={b}
b = B*CDC(:,2);
x = inv(A)*b;
```

11.7 Reordenação de fluxo e temperatura

Nesta etapa, cria-se o vetor resposta de temperatura e fluxo.

```
% Reordenação para fluxo e temperatura
for i = 1:nnos
    tipo_cdc = CDC(i,1);
    valor_cdc = CDC(i,2);
    valor_calculado = x(i);
    if tipo_cdc == 0
        temperatura(i) =  valor_cdc;
        fluxo(i) = valor_calculado;
        else
        temperatura(i) = valor_calculado;
```

```
        fluxo(i) = valor_cdc;

    end

  end

  Temperatura = temperatura

  Fluxo = fluxo
```

11.8   Temperatura nos pontos internos

Nesta etapa, definem-se os pontos internos e o número de pontos
internos.

```
% Coordenadas dos pontos internos
XY_int = [0.5   0.5];
% Número de pontos internos
npi = length(XY_int(:,1));
```

11.9   Montagem das matrizes H_i e G_i

Nesta etapa, as matrizes H_i e G_i são montadas através das soluções
fundamentais de temperatura e fluxo. Entretanto, não existem
mais pontos singulares, ou seja, a distância entre o ponto fonte e
campo é sempre diferente de zero, e a integração é feita utilizando

a quadratura de Gauss. A montagem das matrizes H_i e G_i são
dadas pelas Eq. (10.10) e (10.12).

```matlab
for i = 1:npi
    for j = 1:nelem
    % Posição dos pontos internos
    xi = XY_int(i,1);
    yi = XY_int(i,2);
    Gi(i,j) = 0;
    Hi(i,j) = 0;
    % Integração quando o ponto fonte não pertence
    % ao elemento (Matrizes regulares)
    for kk = 1:n_pinteg
        x = 1/2*((x2(j)-x1(j))*qsi(kk)+x1(j)+x2(j));
        y = 1/2*((y2(j)-y1(j))*qsi(kk)+y1(j)+y2(j));
        % Distância entre o ponto campo e o ponto fonte
        R = sqrt((x-xi)^2+(y-yi)^2);
        Rx = (x-xi);
        Ry = (y-yi);
        % Retorna [G] e [H]
        Gi(i,j) = Gi(i,j)+(-1/(2*pi))*(L(j)/2)*log(R)*
        w(kk);
```

```
Hi(i,j) = Hi(i,j)+(L(j)/(4*pi))*((Rx*nx(j)+
Ry*ny(j)))/(R)^2*w(kk);
        end
    end
end
```

11.10 Temperatura em pontos internos

Nesta etapa, o cálculo da temperatura em pontos internos é realizado de forma direta através da Eq. (10.7).

```
% Temperatura em Pontos Internos
T_pint = Hi*Temperatura' - Gi*Fluxo'
```

Referências

S.A. Abunahman. *Equações diferenciais*. LTC, Rio de Janeiro, 1979.

W.E. Boyce and R.C. DiPrima. *Elementary Diferential Equations and Boundary Value Problems*. Eighth Edition, John Wiley, New York, 2005.

H. Grandin. *Fundamental of the Finite Element Method*. Macmillan Publishing, New York, 1986.

K. J. Bathe. *Finite Element Procedures*. Prentice-Hall, New York, 1996.

O. C. Zienkiewicz and R. L. Taylor. *Basic Formulation and Linear Problems*. 4th Edition, MacGraw-Hill, 1989.

J. H. Kane. *Boundary element analysis in engineering continuum mechanics*. Prentice-Hall, New York, 1994.

J. T. Katsikadelis. *Boundary Elements. Theory and Applications*. Symeon Publications, Athens, 1999.

F. P. Incropera, D. P. Dewitt, T. L. Bergman and A. S. Lavine. *Fundamentals of heat and mass transfer*. 6th Edition, John Wiley, New York, 2006.

E. L. Albuquerque e E. M. Neto. *Elementos de contorno I: Notas de aula*. Disciplina do Mestrado em Engenharia Mecânica, UNICAMP, São Paulo, 2007.

$$\sum_{i=1}^{n} a_n x_n = a_1 x_1 + a_2 x_2 + \dots + a_n x_n \tag{*}$$

Apêndice A

Notação indicial

As notações indiciais representam uma forma compacta de representar equações e somatórios. A maior parte das equações na mecânica dos sólidos e fluidos são representadas em notações indiciais para efeito de simplificação, mas na transferência de calor algumas equações também são escritas utilizando notação indicial.

A.1 Somatório

A notação indicial é usada para simplificar as equações, em particular, operações de somatório. Por exemplo:

$$\sum_{i=1}^{n} a_n x_n = a_1 x_1 + a_2 x_2 + \dots + a_n x_n \tag{A.1}$$

Pode-se perceber na Eq. (A.1) que o índice i aparece repetido em a e x, e isto indica somatório.

Exemplo 1. Abrir a equação abaixo escrita em notação indicial.

$$a_{ii}a_k, \quad 1 \le i \le 3$$

Na expressão acima pode-se notar que o índice i indica somatório, e é considerado um índice mudo, ou seja:

$$a_{ii}a_k = aa_{11}a_k + a_{22}a_k + a_{33}a_k$$

Exemplo 2. Abrir a equação abaixo escrita em notação indicial.

$$a_{ij}a_j, \quad 1 \le j \le 3$$

Na expressão acima pode-se notar que o índice i não indica somatório, ou seja, é considerado um índice livre.

$$a_{ij}a_j = a_{i1}a_1 + a_{i2}a_2 + a_{i3}a_3$$

Portanto, quando um índice não for repetido ele é chamado de índice livre, e caso seja repetido é chamado de índice mudo.

Exemplo 3. Abrir a equação abaixo escrita em notação indicial.

$$y_i = b_{ij}r_j, \quad 1 \le i,j \le 3$$

onde i é índice livre, e j é índice mudo.

Expandindo para o índice mudo j:

$$y_i = b_{i1}r_1 + b_{i2}r_2 + b_{i3}r_3$$

Expandindo para o índice livre i:

Para $i = 1$:

$$y_1 = b_{11}r_1 + b_{12}r_2 + b_{13}r_3$$

Para $i = 2$:

$$y_2 = b_{21}r_1 + b_{22}r_2 + b_{23}r_3$$

Para $i = 3$:

$$y_3 = b_{31}r_1 + b_{32}r_2 + b_{33}r_3$$

A.2 Notação diferencial

As equações que envolvem gradientes, divergentes e rotacionais podem ser escritas em notação indicial.

Derivada:

$$\frac{du}{dx_i} = \frac{\partial u}{\partial x_i} = u_{,i}$$

Gradiente:

$$\nabla a = \frac{\partial a}{\partial x_1}e_1 + \frac{\partial a}{\partial x_2}e_2 + \frac{\partial a}{\partial x_3}e_3 = a_{,i}e_i$$

Divergente:

$$div\,\mathbf{u} = \nabla.u = \frac{\partial u_1}{\partial x_1} + \frac{\partial u_2}{\partial x_2} + \frac{\partial u_3}{\partial x_3} = u_{i,i}$$

Regra da cadeia:

$$\frac{\partial u}{\partial x_i} = u_{,i} = \frac{\partial u}{\partial a_j}.\frac{\partial a_j}{\partial x_i} = u_{,j}a_{j,i}$$

A.3 Delta de Kronecker

O símbolo δ_{ij} $(i,j = 1,2,3)$ é denominado delta de Kronecker e pode ser definido como:

$$\delta_{ij} = \begin{cases} 0 & se \quad i \neq j \\ 1 & se \quad i = j \end{cases}$$

O delta de Kronecker forma uma matriz (3×3) com nove componentes. Seus índices i e j são livres e variam de 1 a 3, dessa forma, tem-se:

$$\delta_{ij} = \begin{bmatrix} \delta_{11} & \delta_{12} & \delta_{13} \\ \delta_{21} & \delta_{22} & \delta_{23} \\ \delta_{31} & \delta_{32} & \delta_{33} \end{bmatrix}$$

As componentes do delta de Kronecker são dadas por:

$$\delta_{11} = \delta_{22} = \delta_{33} = 1$$

e,

$$\delta_{12} = \delta_{13} = \delta_{21} = \delta_{23} = \delta_{31} = \delta_{32} = 0$$

Das relações acima pode-se concluir que o delta de Kronecker se reduz a uma matriz identidade, ou seja:

$$\delta_{ij} = I = \begin{bmatrix} 1 & 0 & 0 \\ 0 & 1 & 0 \\ 0 & 0 & 1 \end{bmatrix}$$

Apêndice B

Equações diferenciais

As equações diferenciais lineares e não-homogêneas apresentam a seguinte forma:

$$A_0\frac{d^ny}{dx^n} + A_1\frac{d^{n-1}y}{dx^{n-1}} + A_2\frac{d^{n-2}y}{dx^{n-2}} + ... + A_ny = B \qquad \text{(B.1)}$$

onde $A_0, A_1, ..., A_n$ são constantes e B é função de x. A solução geral é constituída da solução característica (y_c) e da solução particular (y_p), ou seja:

$$y = y_c + y_p \qquad \text{(B.2)}$$

A Eq. (B.2) pode ser derivada até a ordem n da Eq. (B.1), ou seja:

$$\frac{dy}{dx} = \frac{dy_c}{dx} + \frac{dy_p}{dx} \tag{B.3}$$

$$\frac{d^2y}{dx^2} = \frac{dy_c^2}{dx^2} + \frac{dy_p^2}{dx^2} \tag{B.4}$$

$$\frac{d^ny}{dx^n} = \frac{dy_c^n}{dx^n} + \frac{dy_p^n}{dx^n} \tag{B.5}$$

As Eq. (B.3), (B.4) e (B.5) são substituídas na Eq. (B.1), ou seja:

$$\left[A_0\frac{dy_p^n}{dx^n} + A_1\frac{dy_p^{n-1}}{dx^{n-1}} + ... + A_ny_p \right] + \left[A_0\frac{dy_c^n}{dx^n} + \right.$$

$$\left. +A_1\frac{dy_c^{n-1}}{dx^{n-1}} + ... + A_ny_c \right] = B \tag{B.6}$$

O segundo termo da Eq. (B.6) corresponde a solução homogênea, ou seja:

$$\left[A_0\frac{dy_c^n}{dx^n} + A_1\frac{dy_c^{n-1}}{dx^{n-1}} + ... + A_ny_c \right] = 0 \tag{B.7}$$

O primeiro termo da Eq. (B.6) corresponde a solução particular, ou seja:

$$\left[A_0\frac{dy_p^n}{dx^n} + A_1\frac{dy_p^{n-1}}{dx^{n-1}} + ... + A_ny_p \right] = B \tag{B.8}$$

Nas duas seções seguintes serão discutidas as soluções para equações homogêneas e não-homogêneas.

B.1 Equações homogêneas

Para a Eq. (B.1) ser considerada homogênea é necessário que
o termo B seja igual a zero. Dessa forma, a Eq. (B.1) pode ser
resolvida para $n = 1$, ou seja:

$$A_0 \frac{dy}{dx} + A_1 y = 0 \tag{B.9}$$

Fazendo a separação de variavéis e integrando, obtém-se:

$$\frac{dy}{dx} = -\frac{A_1}{A_0} dx \tag{B.10}$$

$$\ln y = -\frac{A_1}{A_0} x + C \tag{B.11}$$

$$y = e^{-\frac{A_1}{A_0} x + C} \tag{B.12}$$

Das propriedades dos logaritmos, obtém-se:

$$y = e^{-\frac{A_1}{A_0} x} \times e^C \tag{B.13}$$

A constante e^C pode ser substituída por outra constante B, ou
seja:

$$y = B e^{-\frac{A_1}{A_0} x} \tag{B.14}$$

A relação entre as constantes A_0 e A_1 são dadas por:

$$r = -\frac{A_1}{A_0} \qquad (B.15)$$

Logo,

$$y = Be^{rx} \qquad (B.16)$$

Derivando a Eq. (B.16) até a n-ésima ordem, obtém-se:

$$\frac{dy}{dx} = rBe^{rx} \qquad (B.17)$$

$$\frac{d^2y}{dx^2} = r^2Be^{rx} \qquad (B.18)$$

$$\frac{d^ny}{dx^n} = r^nBe^{rx} \qquad (B.19)$$

Substituindo as Eq. (B.17), (B.18) e (B.19) na Eq. (B.1), obtém-se:

$$A_0r^nBe^{rx} + A_1r^{n-1}Be^{rx} + ... + A_nBe^{rx} = 0 \qquad (B.20)$$

ou,

$$Be^{rx}\left[A_0r^n + A_1r_{n-1} + ... + A_n\right] = 0 \qquad (B.21)$$

O termo Be^{rx} é diferente de zero, ou seja:

$$A_0 r^n + A_1 r_{n-1} + ... + A_n = 0 \qquad \text{(B.22)}$$

A Eq. (B.22) corresponde a equação característica da Eq. (B.1). As raízes da Eq. (B.22) podem ser de dois tipos:

1. Raízes reais e diferentes

   Considere que as raízes da equação são dadas por:

$$y_1 = B_1 e^{r_1 x} \qquad \text{(B.23)}$$

$$y_2 = B_2 e^{r_2 x} \qquad \text{(B.24)}$$

$$y_n = B_n e^{r_n x} \qquad \text{(B.25)}$$

   Logo, a solução geral é dada por:

$$y = y_1 + y_2 + ... + y_n \qquad \text{(B.26)}$$

ou,

$$y = B_1 e^{r_1 x} + B_2 e^{r_2 x} + ... + B_n e^{r_n x} \qquad (B.27)$$

2. Raízes complexas diferentes

Considere que as raízes da equação são dadas por:

$$y_1 = B_1 e^{(a+bi)x} \qquad (B.28)$$

e,

$$y_2 = B_2 e^{(a-bi)x} \qquad (B.29)$$

A solução geral é dada pela soma das Eq. (B.28) e Eq. (B.29), ou seja:

$$y = B_1 e^{(a+bi)x} + B_2 e^{(a-bi)x} \qquad (B.30)$$

Abrindo os expoentes da Eq. (B.30), obtém-se:

$$y = B_1 e^{ax} e^{bix} + B_2 e^{ax} e^{-bix} \qquad (B.31)$$

Colocando o termo e^{ax} da Eq. (B.31) em evidência, obtém-se:

$$y = e^{ax}\left[B_1 e^{bix} + B_2 e^{-bix}\right] \qquad \text{(B.32)}$$

Os termos exponenciais da Eq. (B.31), podem ser substituídos pelas relações de Euller, ou seja:

$$\begin{cases} e^{i\theta} &= cos(\theta) + isen(\theta) \\ e^{-i\theta} &= cos(\theta) - isen(\theta) \end{cases}$$

Substituindo das relações de Euller na Eq. (B.32), obtém-se:

$$y = e^{ax}\left\{B_1\big[cos(bx) + isen(bx)\big] + B_2\big[cos(bx) - isen(bx)\big]\right\}$$
$$\text{(B.33)}$$

$$y = e^{ax}\left\{\big[B_1 + B_2\big]cos(bx) + i\big[B_1 - B_2\big]sen(bx)\right\} \qquad \text{(B.34)}$$

Os termos $B_1 + B_2$ e $B_1 - B_2$ tomam a seguinte forma:

$$A = B_1 + B_2 \qquad \text{(B.35)}$$

e,

$$B = i\left(B_1 - B_2\right) \qquad \text{(B.36)}$$

Substituindo as Eq. (B.35) e (B.36) na Eq. (B.34), obtém-se:

$$y_c = e^{ax}\left[A\cos(bx) + B\sin(bx)\right] \qquad \text{(B.37)}$$

B.2 Equação não-homogênea

Na Eq. (B.1) quando o termo B é um polinômio de grau m, a solução proposta será de grau $m+h$, onde h é a ordem da derivada de menor ordem presente na equação. Por exemplo,

$$\frac{d^2y}{dx^2} - 4\frac{dy}{dx} = x^2 + 2x \qquad \text{(B.38)}$$

A solução particular da Eq. (B.38) é da forma:

$$y_p = Ax^3 + Bx^2 + Cx + D \qquad \text{(B.39)}$$

onde o grau do polinômio é $h = 2$, e a derivada de menor ordem é igual a $m = 1$.

Apêndice C

Integrais por partes

As integrais por partes do exemplo 12 do Capítulo 2 são dadas por:

1. $\int x^2 sen(2x)dx$

Para integrar por partes é necessário fazer a seguinte substituição:

$$u = x^2 \longrightarrow du = 2xdx$$

$$dv = sen(2x)dx \longrightarrow v = -\frac{1}{2}cos(2x)$$

Da equação de integral por partes:

$$\int udv = u.v - \int vdu$$

$$\int x^2 sen(2x)dx = -\frac{x^2 cos(2x)}{2} + \int xcos(2x)dx$$

Integrando por partes o segundo termo do lado direito da equação acima, e fazendo as substituições necessárias:

$$u = x \longrightarrow du = dx$$

$$dv = cos(2x)dx \longrightarrow v = \frac{1}{2}sen(2x)$$

$$\int xcos(2x)dx = \frac{xsen(2x)}{2} - \frac{1}{2}\int sen(2x)dx$$

Fazendo a substituição na segunda integral do lado direito:

$$u = 2x \longrightarrow du = 2dx$$

$$\frac{1}{2}\int sen(2x)dx = \frac{1}{2}\int sen(u)\frac{du}{2}$$

$$\frac{1}{2}\int sen(2x)dx = \frac{1}{4}\int sen(u)du$$

$$\frac{1}{2}\int sen(2x)dx = -\frac{1}{4}cos(2x)$$

Reescrevendo a integral principal:

$$\int x^2 sen(2x)dx = -\frac{x^2 cos(2x)}{2} + \frac{xsen(2x)}{2} + \frac{cos(2x)}{4}$$

2. $\int xsen(2x)dx$

Para integrar por partes é necessário fazer a seguinte substituição:

$$u = x \longrightarrow du = dx$$

$$dv = sen(2x)dx \longrightarrow v = -\frac{1}{2}cos(2x)$$

Da equação de integral por parte:

$$\int udv = u.v - \int vdu$$

$$\int xsen(2x)dx = -\frac{xcos(2x)}{2} - \frac{1}{2}\int cos(2x)dx$$

Fazendo a substituição na segunda integral do lado direito:

$$u = 2x \longrightarrow du = 2dx$$

$$\int cos(2x)dx = \frac{1}{2}\int cos(u)du$$

$$\int cos(2x)dx = \frac{sen(2x)}{2}$$

Substituindo na equação principal, obtém-se:

$$\int xsen(2x)dx = -\frac{xcos(2x)}{2} + \frac{sen(2x)}{4}$$

Apêndice D

Equação de Laplace

A equação de Laplace é também chamada de equação elíptica devido a analogia a equação de uma elipse[1]. A equação de Laplace pode ser escrita em duas ou três dimensões:

$$\nabla^2 u = \frac{\partial^2 u}{\partial x^2} + \frac{\partial^2 u}{\partial y^2} \tag{D.1}$$

e,

$$\nabla^2 u = \frac{\partial^2 u}{\partial x^2} + \frac{\partial^2 u}{\partial y^2} + \frac{\partial^2 u}{\partial z^2} \tag{D.2}$$

Na matemática aplicada as Eq. (D.1) e (D.2) são utilizadas para descrever diversos tipos de problemas na engenharia, por exemplo:

---

[1] $\frac{x^2}{a^2} + \frac{y^2}{b^2} = 1$

1. Transferência de calor;

2. Mecânica dos fluidos;

3. Potêncial elétrico;

4. Campos gravitacionais;

5. Mecânica dos sólidos.

As Eq. D.1 e D.2 são usadas para descrever problemas físicos independentes do tempo, como a distribuição de calor em regiões planas. Outro problemas são citados abaixo:

1. Função potencial e fluxo na mecânica dos fluidos, em regime laminar, movimentos irrotacionais e incompressíveis;

2. Função potencial elétrico, em meio diéletrico e sem cargas elétricas;

3. Função potencial de uma partícula livre, e sujeita a somente forças gravitacionais;

4. Funções de deformação em barras elásticas.

Apesar da Eq. (D.1) ser de segunda ordem, são necessárias condições de contorno em cada fronteira do problema para obter a solução da equação de Laplace. Por exemplo, na condução de calor em uma barra são necessárias duas condições de contorno nas extremidades. Na condução de calor de calor em uma placa são necessárias quatro condições de contorno na fronteira da placa.

Para valores de u na fronteira do sistema, chama-se de problema de Dirichlet, e as derivadas normais de u na fronteira do sistema, chama-se de problema de Neumann.

Exemplo: Considere o problema matemático representado pela equação de Laplace:

$$\frac{\partial^2 u}{\partial x^2} + \frac{\partial^2 u}{\partial y^2} = 0$$

e apresenta as seguintes condições de contorno mostradas na Fig. (D.1): onde $f(y)$ é dada por:

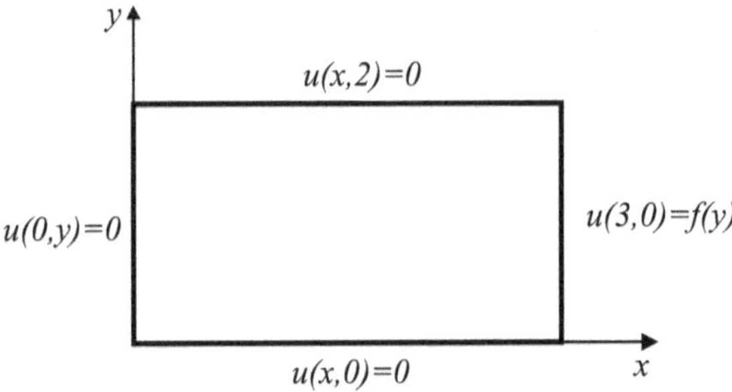

Figura D.1: Condições de contorno de Dirichlet.

$$f(y) = \begin{cases} y, & \text{para} \quad 0 \leq y \leq 1 \\ 2 - y, & \text{para} \quad 1 < y \leq 2 \end{cases}$$

A solução analítica[2] usando método de separação de variavéis é dada por:

$$u(x,y) = \sum_{n=1}^{\infty} c_n senh\left(\frac{n\pi x}{2}\right) senh\left(\frac{n\pi y}{2}\right)$$

onde,

$$c_n = \frac{8sen(n\pi/2)}{n^2\pi^2 senh(3n\pi/2)}$$

A solução analítica é mostrada na Fig. (D.2).

---

[2]Solução retirada do Boyce and DiPrima (2005).

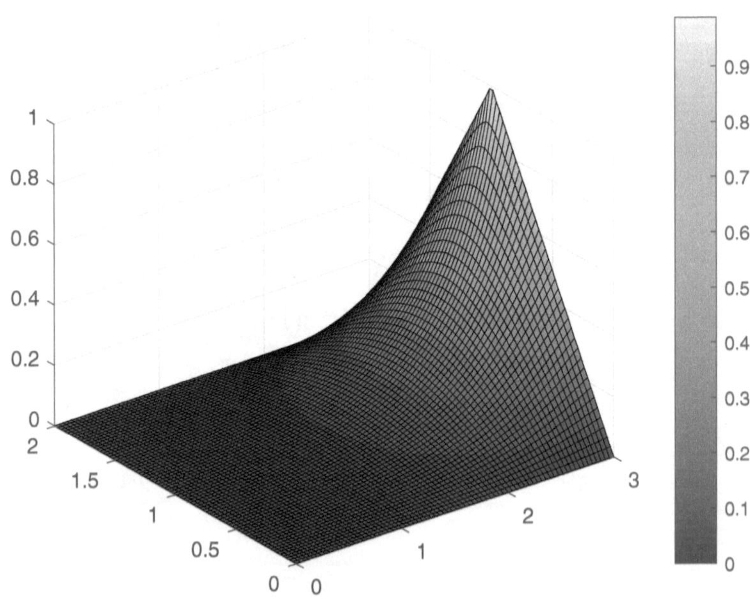

Figura D.2: Solução analítica com $n = 75$.

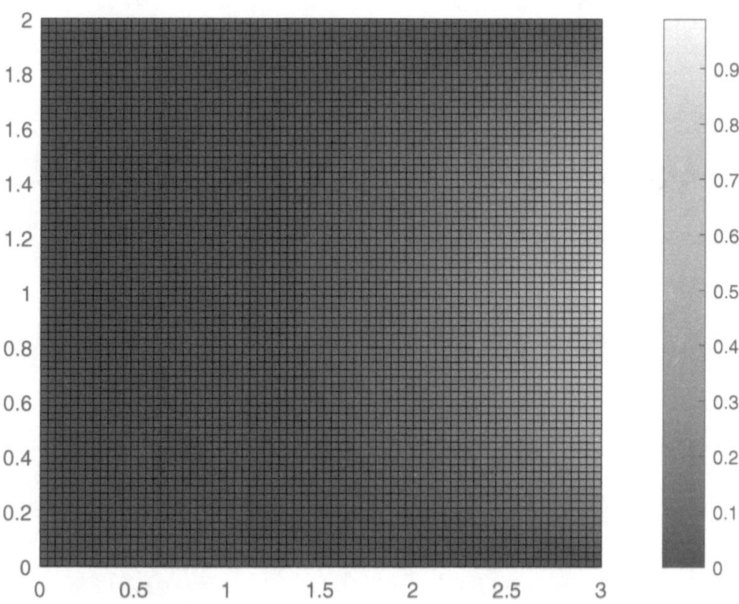

Figura D.3: Vista plana da solução analítica.

Apêndice E

Solução de sistema linear

A solução do sistema linear é resolvida através do escalona-mento:

$$\begin{cases} \alpha_1 + \alpha_2 L + \alpha_3 L^2 = qL/2k \\ \alpha_1/2 + 2\alpha_2 L/3 + 3\alpha_3 L^2/4 = qL/6k \\ \alpha_1/3 + \alpha_2 L/2 + 3\alpha_3 L^2/5 = qL/12k \end{cases}$$

Formando um sistema pela primeira linha e segunda linha. Em seguida multiplica-se a segunda linha por -2, obtém-se:

$$\left[\frac{\alpha_1}{2} + \frac{2\alpha_2 L}{3} + \frac{3\alpha_3 L^3}{4} = \frac{qL}{6k} \right] \times (-2)$$

$$-\alpha_1 - \frac{4\alpha_2 L}{3} - \frac{3\alpha_3 L^2}{2} = -\frac{qL}{3k}$$

Reescrevendo as linhas 1 e 2 do sistema, obtém-se:

$$\begin{cases} \alpha_1 \quad + \quad \alpha_2 L \quad + \quad \alpha_3 L^2 \quad = \quad qL/2k \\ -\alpha_1 \quad - \quad 4\alpha_2 L/3 \quad - \quad 3\alpha_3 L^2/2 \quad = \quad -qL/3k \end{cases}$$

Somando as duas linhas, obtém-se:

$$\left(L - \frac{4L}{3} \right) \alpha_2 + \left(L^2 - \frac{3L^2}{2} \right) \alpha_3 = \left(\frac{qL}{2k} - \frac{qL}{3k} \right)$$

$$-\frac{L\alpha_2}{2} - \frac{L^2 \alpha_3}{2} = \frac{qL}{6k}$$

Simplificando a expressão acima, obtém-se:

$$\frac{\alpha_2}{3} + \frac{L\alpha_3}{2} = -\frac{q}{6k}$$

Em seguida multiplica-se a terceira linha por -3, obtém-se:

$$\left[\frac{\alpha_1}{3} + \frac{\alpha_2 L}{2} + \frac{3\alpha_3 L^2}{5} = \frac{qL}{12k} \right] \times -3$$

$$-\alpha_1 - \frac{3\alpha_2 L}{2} - \frac{9\alpha_3 L^2}{5} = -\frac{qL}{4k}$$

Reescrevendo as linhas 1 e 3 do sistema, obtém-se:

$$\begin{cases} \alpha_1 \quad + \quad \alpha_2 L \quad + \quad \alpha_3 L^2 \quad = \quad qL/2k \\ -\alpha_1 \quad - \quad 3\alpha_2 L/2 \quad - \quad 9\alpha_3 L^2/5 \quad = \quad -qL/4k \end{cases}$$

Somando as duas linhas, obtém-se:

$$\left(L - \frac{3L}{2}\right)\alpha_2 + \left(L^2 - \frac{9L^2}{5}\right)\alpha_3 = \left(\frac{qL}{2k} - \frac{qL}{4k}\right)$$

$$\frac{L\alpha_2}{2} + \frac{4L^2\alpha_3}{5} = -\frac{qL}{4k}$$

Simplificando a expressão acima, obtém-se:

$$\frac{\alpha_2}{2} + \frac{4L\alpha_3}{5} = -\frac{q}{4k}$$

Reescrevendo o novo sistema com as linhas 2 e 3 modificadas, obtém-se:

$$\begin{cases} \alpha_1 & + & \alpha_2 L & + & \alpha_3 L^2 & = & qL/2k \\ \alpha_2/3 & + & L\alpha_3/2 & = & -q/6k \\ \alpha_2/2 & + & 4L\alpha_3/5 & = & -q/4k \end{cases}$$

Fazendo o mesmo procedimento para as linhas 2 e 3 novamente.

Inicialmente multiplica-se a linha 2 por $-3/2$. ou seja:

$$\left[\frac{\alpha_2}{3} + \frac{L\alpha_3}{2} = -\frac{q}{6k}\right] \times -\frac{3}{2}$$

$$-\frac{\alpha_2}{2} - \frac{3L\alpha_3}{4} = \frac{q}{4k}$$

Reescrevendo linhas 2 e 3 modificadas, obtém-se:

$$\begin{cases} -\alpha_2/2 & - & 3L\alpha_3/4 & = & q/4k \\ \alpha_2/2 & + & 4L\alpha_3/5 & = & -q/4k \end{cases}$$

Somando as duas linhas, obtém-se:

$$-\frac{3L\alpha_3}{4} + \frac{4L\alpha_3}{5} = \frac{9}{4k} - \frac{9}{4k}$$

$$\alpha_3 = 0$$

Substituindo α_3 na linha 1, obtém-se:

$$\alpha_2 = -\frac{q}{2k}$$

E da linha 1 do sistema principal, obtém-se:

$$\alpha_1 = \frac{qL}{k}$$

Apêndice F

Integrais impróprias

As singularidades ocorrem quando determinados pontos dos integrando tendem para o infinito como mostra a Fig. (F.1).

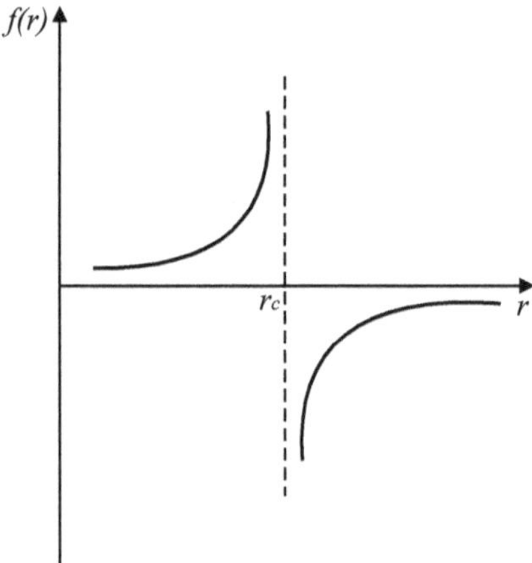

Figura F.1: Função com descontinuidade em r_c.

Uma maneira de integrar a função descrita na Fig. (F.1) é através do sentido clássico ou valor principal de Cauchy. A seguir serão definidas dois métodos para o cálculo da integral definida pela função:

$$f(x) = \frac{1}{(r - r_c)} \qquad r_a < r_c < r_b \qquad \text{(F.1)}$$

F.1 Integração no sentido clássico

A integração no sentido clássico é obtida definindo intervalos em torno do ponto que tendem para o infinito ou ponto singular como mostra a Fig. (F.2) que possui limites de integração r_a e r_b.

$$I = \int_{r_a}^{r_b} \frac{1}{(r - r_c)} dr \qquad \text{(F.2)}$$

Definindo os limites em torno do ponto singular r_c na Eq. (F.1), obtém-se:

$$I = \lim_{\varepsilon_1 \to 0} \int_{r_a}^{r_c - \varepsilon_1} \frac{1}{(r - r_c)} dr + \lim_{\varepsilon_2 \to 0} \int_{r_c + \varepsilon_2}^{r_b} \frac{1}{(r - r_c)} dr \qquad \text{(F.3)}$$

A integral presente nas duas Eq. (F.3) são resolvidas através da substituição, ou seja:

$$I_u = \int \frac{1}{r - r_c} dr$$

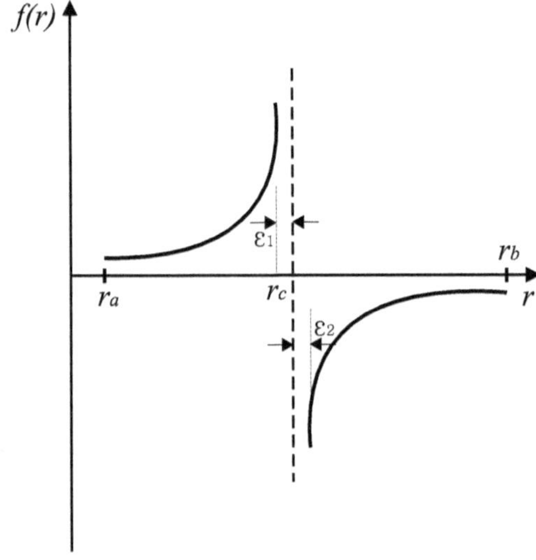

Figura F.2: Função com descontinuidade em r_c e intervalos ε_1 e ε_2.

Substituindo $r - r_c$ por u, e derivando, obtém-se:

$$u = r - r_c \longrightarrow du = dr$$

$$I_u = \int \frac{du}{u} = \ln u$$

ou,

$$I_u = \ln(r - r_c)$$

Substituindo I_u na Eq. (F.3), obtém-se:

$$I = \lim_{\varepsilon_1 \to 0} \Big[\ln(r - r_c) \Big]_{r_a}^{r_c - \varepsilon_1} + \lim_{\varepsilon_2 \to 0} \Big[\ln(r - r_c) \Big]_{r_c + \varepsilon_2}^{r_b} \qquad (F.4)$$

$$I = \lim_{\varepsilon_1 \to 0} \Big[\ln(r_c - \varepsilon_1 - r_c) - \ln(r_a - r_c) \Big] + \lim_{\varepsilon_2 \to 0} \Big[\ln(r_b - r_c) -$$
$$\ln(r_c + \varepsilon_2 - r_c) \Big] \quad (F.5)$$

$$I = \lim_{\varepsilon_1 \to 0} \Big[\ln(-\varepsilon_1) - \ln(r_a - r_c) \Big] + \lim_{\varepsilon_2 \to 0} \Big[\ln(r_b - r_c) - \ln \varepsilon_2 \Big]$$
$$(F.6)$$

$$I = \lim_{\varepsilon_1 \to 0} \left[\ln\left(\frac{\varepsilon_1}{r_c - r_a} \right) \right] + \lim_{\varepsilon_2 \to 0} \left[\ln\left(\frac{r_b - r_c}{\varepsilon_2} \right) \right] \qquad (F.7)$$

A integral da Eq. (F.7) não converge.

F.2   Integração no sentido de Cauchy

O tratamento de Cauchy para integrais singulares é feito de forma similar, mas considerando o mesmo limite em torno do ponto singular como mostra a Fig. (F.3).

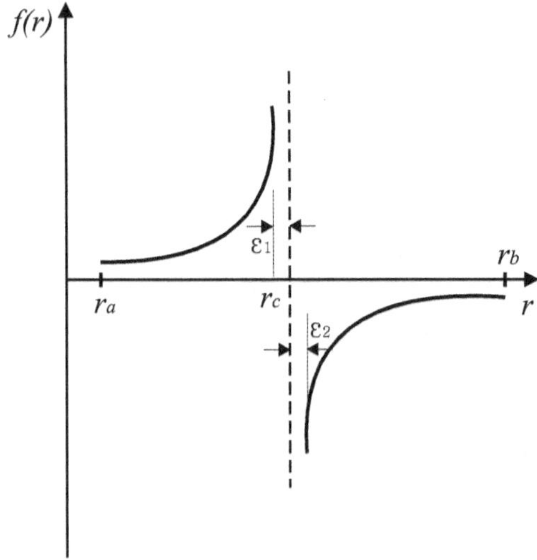

Figura F.3: Função com descontinuidade em r_c e intervalos ε.

Definindo os limites em torno do ponto singular r_c na Eq. (F.1), obtém-se:

$$I = \lim_{\varepsilon \to 0} \left[\int_{r_a}^{r_c - \varepsilon} \frac{1}{(r - r_c)} dr + \int_{r_c + \varepsilon}^{r_b} \frac{1}{(r - r_c)} dr \right] \qquad \text{(F.8)}$$

A integral presente nas duas Eq. (F.8) são resolvidas através da substituição, ou seja:

$$I_v = \int \frac{1}{r - r_c} dr$$

Substituindo $r - r_c$ por v, e derivando, obtém-se:

$$v = r - r_c \longrightarrow dv = dr$$

$$I_v = \int \frac{dv}{v} = \ln v$$

ou,

$$I_v = \ln(r - r_c)$$

Substituindo I_v na Eq. (F.8), obtém-se:

$$I = \lim_{\varepsilon \to 0} \left\{ \left[\ln(r - r_c) \right]_{r_a}^{r_c - \varepsilon} + \left[\ln(r - r_c) \right]_{r_c + \varepsilon}^{r_b} \right\} \qquad \text{(F.9)}$$

$$I = \lim_{\varepsilon \to 0} \left\{ \left[\ln(r_c - \varepsilon - r_c) - \ln(r_a - r_c) \right] + \left[\ln(r_b - r_c) - \right.\right.$$
$$\left.\left. \ln(r_c + \varepsilon - r_c) \right] \right\} \text{(F.10)}$$

$$I = \lim_{\varepsilon \to 0} \left\{ \left[\ln(-\varepsilon) - \ln(r_a - r_c) \right] + \left[\ln(r_b - r_c) - \right.\right.$$
$$\left.\left. \ln(\varepsilon) \right] \right\} \qquad \text{(F.11)}$$

$$I = \lim_{\varepsilon \to 0} \left\{ \left[\ln\left(\frac{\varepsilon}{r_c - r_a} \right) \right] + \left[\ln\left(\frac{r_b - r_c}{\varepsilon} \right) \right] \right\} \qquad \text{(F.12)}$$

$$I = \lim_{\varepsilon \to 0} \left[\ln\left(\frac{\varepsilon}{r_c - r_a} \times \frac{r_b - r_c}{\varepsilon} \right) \right] \qquad \text{(F.13)}$$

$$I = \lim_{\varepsilon \to 0} \frac{r_b - r_c}{r_c - r_a} \qquad \text{(F.14)}$$

A integral da Eq. (F.14) é convergente.

9 786500 222029